装配式建筑计量与计价

张建平　张宇帆　编著

中国建筑工业出版社

图书在版编目(CIP)数据

装配式建筑计量与计价/张建平，张宇帆编著. —北京：中国建筑工业出版社，2019.3（2022.11重印）

ISBN 978-7-112-23295-6

Ⅰ.①装… Ⅱ.①张… ②张… Ⅲ.①装配式构件-建筑工程-计量 ②装配式构件-建筑工程-建筑造价 Ⅳ.①TU723.3

中国版本图书馆CIP数据核字(2019)第028621号

本书为适应大力推广装配式建筑的需要，依据国家标准《建设工程工程量清单计价规范》《房屋建筑与装饰工程工程量计算规范》《装配式建筑工程消耗量定额》编写，系统阐述了装配式建筑计量计价的理论与方法。全书共9章，介绍了装配式建筑相关知识、研究内容界定、工程计价基础、各类装配式建筑的读图、列项、算量、计价以及装配式建筑投资估算等内容。

本书体系完整，结构新颖，通俗易懂，与时俱进，具有较强的指导性和可操作性，可供从事装配式建筑计量计价的工程造价专业人员参考使用，也可供工程造价、工程管理、土木工程专业师生学习参考。

责任编辑：冯江晓 张智芊

责任校对：党 蕾

装配式建筑计量与计价

张建平 张宇帆 编著

*

中国建筑工业出版社出版、发行（北京海淀三里河路9号）

各地新华书店、建筑书店经销

北京佳捷真科技发展有限公司制版

北京建筑工业印刷厂印刷

*

开本：787×960毫米 1/16 印张：11½ 字数：223千字

2019年5月第一版 2022年11月第六次印刷

定价：**42.00**元

ISBN 978-7-112-23295-6

(33534)

前　言

装配式建筑是用预制部品部件在工地装配而成的建筑，按照国家推进供给侧结构性改革和新型城镇化发展的要求，大力发展钢结构、混凝土等装配式建筑，具有发展节能环保新产业、提高建筑安全水平、推动化解过剩产能等一举多得之效。

2015年11月，住房城乡建设部出台《建筑产业现代化发展纲要》，提出计划到2020年装配式建筑占新建建筑的比例达到20%以上，到2025年装配式建筑占新建筑的比例达到50%以上。2016年以来，为贯彻落实《国务院办公厅关于大力发展装配式建筑的指导意见》，住房城乡建设部出台与装配式建筑相关的技术标准和《装配式建筑工程消耗量定额》，各地方配套出台《装配式建筑工程计价定额》，我国装配式建筑的推广取得突破性进展，也迫切需要装配式建筑计量与计价与之相适应。

本书依据国家标准《建设工程工程量清单计价规范》《房屋建筑与装饰工程工程量计算规范》《装配式建筑工程消耗量定额》编写，系统阐述了装配式建筑计量计价的理论与方法。全书共分为9章：第1章绪论，介绍装配式建筑相关知识、本书研究内容界定；第2章工程计价基础，介绍工程造价及其费用构成、工程计价依据、工程计价原理、清单计价方法；第3章装配式建筑工程分项，介绍清单分项和定额分项的具体内容；第4章至第7章为各类装配式建筑工程计量与计价，分别介绍装配式混凝土结构、装配式钢结构、装配式木结构、建筑构件及部品的工程量计算规则、读图要点、计量示例和定额应用说明、组价列项要点、计价示例等；第8章装配式建筑措施项目计价，介绍措施项目分项及列项、工程量计算规则、定额应用说明、措施项目组价计算；第9章装配式建筑投资估算，介绍装配式建筑投资估算参考指标及估算方法。

本书由昆明理工大学津桥学院张建平、张宇帆合作完成。具体分工为：张建平编写第 1 章、第 4 章至第 9 章，张宇帆编写第 2 章、第 3 章，全书由张建平负责统稿。

本书可供从事装配式建筑计量计价的工程造价专业人员参考使用，也可供高等院校工程造价、工程管理、土木工程专业师生学习参考。

在本书编写过程中，作者参考了国内新近出版的著作、技术标准和文献，谨在这里一并表示感谢。由于作者水平有限，加之书中有些内容还有待探索，不足与疏漏之处在所难免，敬请广大读者批评指正。

2018 年 9 月

目　　录

第1章 绪 论

本章介绍装配式建筑涉及的定义、种类、特点、优缺点以及装配式建筑发展历史，在我国推广的背景及相关政策，在此基础上界定本书的研究内容。

1.1 装配式建筑概述

1.1.1 装配式建筑的定义

装配式建筑（Prefabricated Construction）是用预制的部品部件在工地装配而成的建筑。

装配式建筑按预制构件的形式和施工方法分为砌块建筑、板材建筑、盒式建筑、骨架板材建筑及升板升层建筑等五种类型。随着现代工业技术的发展，建造房屋可以像机器生产那样，成批成套地制造。只要把预制好的房屋构件，运到工地装配起来就成了。

1.1.2 装配式建筑的种类

1. 砌块建筑

砌块建筑是指用预制的块状材料砌成墙体的装配式建筑，适于建造3～5层建筑，如提高砌块强度或配置钢筋，还可适当增加层数。砌块建筑适应性强，生产工艺简单，施工简便，造价较低，还可利用地方材料和工业废料。

建筑砌块有小型、中型、大型之分：小型砌块适于人工搬运和砌筑，工业化程度较低，灵活方便，使用较广；中型砌块可用小型机械吊装，可节省砌筑劳动力；大型砌块现已被预制大型板材所代替。

砌块有实心和空心两类，实心的较多采用轻质材料制成。

砌块的接缝是保证砌体强度的重要环节，一般采用水泥砂浆砌筑，小型砌块还可用套接而不用砂浆的干砌法，可减少施工中的湿作业。有的砌块表面经过处理，可作清水墙。

2. 板材建筑

板材建筑由预制的大型内外墙板、楼板和屋面板等板材装配而成，又称大板建筑。它是工业化体系建筑中全装配式建筑的主要类型。

板材建筑可以减轻结构重量，提高劳动生产率，扩大建筑的使用面积和防震能力。

板材建筑的内墙板多为钢筋混凝土的实心板或空心板；外墙板多为带有保温层的钢筋混凝土复合板，也可用轻骨料混凝土、泡沫混凝土或大孔混凝土等制成带有外饰面的墙板。

建筑内的设备常采用集中的室内管道配件或盒式卫生间等，以提高装配化的程度。

大板建筑的关键问题是节点设计，板材之间的连接方法主要有焊接、螺栓连接和后浇混凝土整体连接，在结构上应保证构件连接的整体性。在防水构造上要妥善解决外墙板接缝的防水，以及楼缝、角部的热工处理等问题。

大板建筑的主要缺点是对建筑物造型和布局有较大的制约性；小开间横向承重的大板建筑内部分隔缺少灵活性，而纵墙式、内柱式和大跨度楼板式的内部可灵活分隔。

3. 盒式建筑

盒式建筑是从板材建筑的基础上发展起来的一种装配式建筑。这种建筑工厂化的程度很高，现场安装快。

盒式建筑在工厂完成了盒子的结构部分，也做好内部装修和设备安装，甚至可连家具、地毯等一概安装齐全。盒子吊装完成、接好管线后即可使用。

盒式建筑的装配形式有：

（1）全盒式——完全由承重盒子重叠组成建筑。

（2）板材盒式——将小开间的厨房、卫生间或楼梯间等做成承重盒子，再与墙板和楼板等组成建筑。

（3）核心体盒式——以承重的卫生间盒子作为核心体，四周再用楼板、墙板或骨架组成建筑。

（4）骨架盒式——用轻质材料制成的许多住宅单元或单间式盒子，支承在承重骨架上形成建筑；也有用轻质材料制成包括设备和管道的卫生间盒子，安置在用其他结构形式的建筑内。盒子建筑工业化程度较高，但投资大，运输不便，且需用重型吊装设备，因此，发展受到限制。

4. 骨架板材建筑

骨架板材建筑由预制的骨架和板材组成。其承重结构一般有两种形式：一种是由柱、梁组成承重框架，再搁置楼板和非承重的内外墙板的框架结构体系；另一种是柱子和楼板组成承重的板柱结构体系，内外墙板是非承重的。

承重骨架一般多为重型的钢筋混凝土结构，也有采用钢、木做成骨架和板材组合，常用于轻型装配式建筑中。

骨架板材建筑结构合理，可以减轻建筑物的自重，内部分隔灵活，适用于多层和高层建筑。

钢筋混凝土框架结构体系的骨架板材建筑有全装配式、预制和现浇相结合的装配整体式两种。保证这类建筑的结构具有足够的刚度和整体性的关键是构件连接。柱与基础、柱与梁、梁与梁、梁与板等的节点连接，应根据结构的需要和施工条件，通过计算进行设计和选择。节点连接的方法，常见的有榫接法、焊接法、牛腿搁置法和留筋现浇成整体的叠合法等。

板柱结构体系的骨架板材建筑，是方形或接近方形的预制楼板同预制柱子组合的结构系统。楼板多数为四角支在柱子上；也有在楼板接缝处留槽，从柱子预留孔中穿钢筋，张拉后灌混凝土形成结构整体。

5. 升板升层建筑

升板升层建筑是板柱结构体系的一种，但施工方法则有所不同。

这种建筑是在底层混凝土地面上重复浇筑各层楼板和屋面板，竖立预制钢筋混凝土柱子，以柱为导杆，用放在柱子上的油压千斤顶把楼板和屋面板提升到设计高度，加以固定后形成板柱结构体系。

升板升层建筑的外墙可用砖墙、砌块墙、预制外墙板、轻质组合墙板或幕墙，也可以在提升楼板时提升滑动模板、浇筑外墙。

升板建筑施工时大量操作在地面进行，减少高空作业和垂直运输，节约模板和脚手架，并可减少施工现场面积。升层建筑可以加快施工速度，比较适用于场地受限制的地方。

升板建筑多采用无梁楼板或双向密肋楼板，楼板同柱子连接节点常采用后浇柱帽或采用承重销、剪力块等无柱帽节点。

升板建筑一般柱距较大，楼板承载力也较强，多用作商场、仓库、工场和多层车库等。

1.1.3 装配式建筑的发展历史

17世纪欧洲人向美洲移民时期所用的木构架拼装房屋，就是一种装配式建筑。1851年伦敦建成的用铁骨架嵌玻璃的水晶宫是世界上第一座大型装配式建筑。

装配式建筑在20世纪初就开始引起人们的兴趣，到20世纪60年代终于实现。英、法、苏等国首先做了尝试。由于装配式建筑的建造速度快，而且生产成本较低，迅速在世界各地推广开来。

早期的装配式建筑外形比较呆板，千篇一律。后来人们在设计上做了改进，增加了灵活性和多样性，使装配式建筑不仅能够成批建造，而且样式丰富。美国有一种活动住宅，是比较先进的装配式建筑，每个住宅单元就像是一辆大型的拖车，只要用特殊的汽车把它拉到现场，再由起重机吊装到地板垫块上和预埋好的水道、电源、电话系统相接，就能使用。活动住宅内部有暖气、浴室、厨房、餐厅、卧室等设施。活动住宅既能独成一个单元，也能互相连接起来。

1.1.4 装配式建筑的特点

（1）集成化设计。建筑、装修一体化设计与施工，理想状态是装修可随着主体施工同步进行。

（2）工厂化生产。大量的建筑构件、部品（外墙板、内墙板、叠合板、阳台、空调板、楼梯、预制梁、预制柱等）在工厂车间生产加工完成。

（3）装配化施工。施工现场大量的工作为装配作业，现浇作业大大减少。

（4）数字化管理。实现了设计的标准化和管理的信息化，构件越标准，生产效率越高，相应的构件成本就会下降。配合着生产全过程的数字化管理，基于BIM、物联网和GIS的预制装配式构件精细化调度及实时跟踪技术的应用，整个装配式建筑的性价比会越来越高。

（5）节能且环保。节能符合绿色建筑、节能环保的要求（表1-1）。

资源利用对比表 表1-1

项目	预制装配式混凝土结构	现浇混凝土结构
生产效率	现场装配，生产效率高，人工成本可减少50%以上	现场工序多，生产效率低，人工成本高
工程技术	误差控制毫米级，墙体无渗漏，无裂痕，室内可实现100%无抹灰工程	误差控制厘米级，空间尺寸变形大，部分安装难以实现标准化，基层质量差
技术集成	可实现设计、生产、施工一体化、精细化，通过标准化、装配化形成集成技术	难以实现装修部品的标准化、精细化，难以实现设计、施工一体化、信息化
资源节约	施工节水60%，节材20%，节能20%，垃圾减少80%，脚手架、支架减少70%	水耗大，用电多，材料浪费严重，产生垃圾多，大量的脚手架、支架
环境保护	施工现场无扬尘、无废水，无噪声	施工现场有扬尘、废水、噪声

1.1.5 装配式建筑推广背景

我国装配式建筑的推广自2015年末住房城乡建设部发布《工业化建筑评价标准》GB/T 51129—2015以来取得突破性进展。

2015年11月14日，住房城乡建设部出台《建筑产业现代化发展纲要》，计划到2020年装配式建筑占新建建筑的比例达到20%以上，到2025年装配式建筑占新建筑的比例达到50%以上。

2016年2月22日，为贯彻落实《国务院办公厅关于大力发展装配式建筑的指导意见》，要求要因地制宜发展装配式混凝土结构、钢结构和现代木结构等装配式建筑，力争用10年左右的时间，使装配式建筑占新建建筑面积的比例达到30%。

2016年3月5日，《政府工作报告》提出要大力发展钢结构和装配式建筑，提高建筑工程标准和质量。

2016年7月5日，住房城乡建设部出台《住房城乡建设部2016年科学技术项目计划——装配式建筑科技示范项目名单》并公布了2016年科学技术项目建设装配式建筑科技示范项目名单。

2016年9月14日国务院常务会议要求：按照推进供给侧结构性改革和新型城镇化发展的要求，大力发展钢结构、混凝土等装配式建筑，具有发展节能环保新产业、提高建筑安全水平、推动化解过剩产能等一举多得之效。

1.2 本书研究内容界定

1.2.1 装配式建筑计量与计价的属性

装配式建筑（Prefabricated Construction）是用预制部品部件在工地装配而成的建筑。装配式建筑的特点有：

（1）建筑、装修一体化设计与施工，理想状态是装修可随着主体施工同步进行。

（2）大量的建筑构件、部品（外墙板、内墙板、叠合板、阳台、空调板、楼梯、预制梁、预制柱等）在工厂车间生产加工完成。

（3）施工现场大量的工作为装配作业，现浇作业大大减少。

（4）实现了设计的标准化和管理的信息化。构件越标准，生产效率越高，相应的构件成本就会下降，配合着生产全过程的数字化管理，整个装配式建筑的性价比会越来越高。

（5）节能符合绿色建筑、节能环保的要求。

装配式建筑属于房屋建筑与装饰工程的一部分，因此《装配式建筑工程消耗量定额》中的全部“分部分项子目”应按房屋建筑与装饰工程专业计价。

1.2.2 装配式建筑计量与计价的内容

根据住房城乡建设部《关于印发〈装配式建筑工程消耗量定额〉的通知》

（建标〔2016〕291号）规定：《装配式建筑工程消耗量定额》与《房屋建筑与装饰工程消耗量定额》TY01—31—2015配套使用，原《房屋建筑与装饰工程消耗量定额》TY01—31—2015中的相关装配式建筑构件安装子目（定额编号5-356～5-373）同时废止。

同时规定：《装配式建筑工程消耗量定额》仅包括符合装配式建筑项目特征的相关定额项目，对装配式建筑中采用传统施工工艺的项目，根据本定额有关说明按现行《房屋建筑与装饰工程消耗量定额》的相应项目及规定执行。

因此，本书所研究的装配式建筑计量与计价内容界定如下：

（1）装配式混凝土结构工程，具体内容有预制混凝土构件（柱、梁、板、墙、楼梯、阳台板及其他、套筒注浆、嵌缝、打胶）安装、后浇混凝土浇捣、后浇混凝土钢筋制安。

（2）装配式钢结构工程，具体内容有预制钢构件（钢网架、厂房钢结构、住宅钢结构）安装、围护体系（钢楼承板体系、墙围护体系、屋面体系）安装。

（3）装配式木结构工程，具体内容有预制木构件（地梁板、柱、梁、墙、楼板、楼梯、屋面）安装。

（4）建筑构件及部品工程，具体内容有单元式幕墙（单元式幕墙、防火封堵隔墙、槽形埋件及连接件）安装、非承重隔墙（钢丝网架轻质夹芯隔墙板、轻质条板隔墙、预制轻钢龙骨隔墙）安装、预制烟道及通风道安装、预制成品护栏安装、装饰成品部件（成品踢脚线、墙面成品木饰面、成品木门、成品橱柜）安装。

（5）适用于装配式建筑的措施项目，具体内容有工具式模板（铝合金模板）、工具式脚手架（附着式电动整体提升架、电动高空作业吊篮）、住宅钢结构工程垂直运输。

本章小结

装配式建筑属于房屋建筑的范畴，是房屋建筑工程的扩展与补充，因此装配式建筑计量与计价也是房屋建筑与装饰工程计量与计价的组成部分，重点是扩展与补充了符合现代装配式建筑项目特征的相关项目，主要有房屋建筑的装配式混凝土结构、装配式钢结构、装配式木结构的工程项目。

习题与思考题

1.1　如何理解装配式建筑的内涵？

1.2 装配式建筑与传统建筑有哪些不同？
1.3 为什么要在我国大力推广装配式建筑？
1.4 本书研究什么问题？
1.5 如何学习装配式建筑计量与计价？

第2章　工程计价基础

本章以住房城乡建设部、财政部关于印发《建筑安装工程费用项目组成》的通知（建标〔2013〕44号）为依据，介绍我国现行工程造价及其建筑安装工程费用构成。同时介绍作为工程计价依据的工程建设定额、消耗量定额、单位估价表、计价定额、清单计价规范和工程量计算规范的基本知识，阐述工程计价原理，并以某省的计价规则为依据，介绍工程量清单计价的方法。

2.1　工程造价及其费用构成

2.1.1　工程造价的含义、特点及作用

1. 工程造价的含义

工程造价就是工程的建造价格。

1）工程造价的两种含义

（1）工程投资费用，即指广义的工程造价。从投资者（业主）的角度来定义，工程造价是指有计划地建设某项工程，预期开支或实际开支的全部固定资产投资的费用。投资者选定一个投资项目，为了获得预期的效益，就要通过项目评估进行决策，然后进行设计招标、工程招标，直至竣工验收等一系列投资管理活动。在投资活动中所支付的全部费用形成了固定资产，所有这些开支就构成了工程造价。

（2）工程建造价格，即指狭义的工程造价。从承包者（承包商），或供应商，或规划、设计等机构的角度来定义，为建成一项工程，预计或实际在土地市场、设备市场、技术劳务市场，以及承包市场等交易活动中所形成的建筑安装工程的价格和建设工程总价格。

2）两种含义的差异

工程造价的两种含义是对客观存在的概括。它们既共生于一个统一体，又相互区别。最主要的区别在于需求主体和供给主体在市场追求的经济利益不同，因而管理的性质和管理目标不同。因此，降低工程造价是投资者始终如一的追求。作为工程价格，承包商所关注的是利润和高额利润，为此，他追求的是较高的工程造价。不同的管理目标，反映他们不同的经济利益，但他们都要受那些支配价

格运动的经济规律的影响和调节。他们之间的矛盾是市场的竞争机制和利益风险机制的必然反映。

2. 工程造价的特点

（1）大额性。任何一项建设工程，不仅实物形态庞大，而且造价高昂，需投资几百万元、几千万元甚至上亿元的资金。工程造价的大额性关系到多方面的经济利益，同时也对社会宏观经济产生重大影响。

（2）单个性。任何一项建设工程都有特殊的用途，其功能、用途各不相同，因而使得每一项工程的结构、造型、平面布置、设备配置和内外装饰都有不同的要求。工程内容和实物形态的个别差异决定了工程造价的单个性。

（3）动态性。任何一项建设工程从决策到竣工交付使用，都会有一个较长的建设周期，在这一期间中如工程变更、材料价格波动、费率变动都会引起工程造价的变动，直至竣工决算后才能最终确定工程的实际造价。建设周期长，资金的时间价值突出，这体现了工程造价的动态性。

（4）层次性。一项建设工程往往含有多个单项工程，一个单项工程又是由多个单位工程组成。与此相适应，工程造价也存在三个对应层次，即建设项目总造价、单项工程造价和单位工程造价，这就是工程造价的层次性。

（5）兼容性。一项建设工程往往包含有许多的工程内容，不同工程内容的组合、兼容就能适应不同的工程要求。工程造价是由多种费用以及不同工程内容的费用组合而成，具有很强的兼容性。

3. 工程造价的作用

（1）工程造价是项目决策的依据。

（2）工程造价是制定投资计划和控制投资的依据。

（3）工程造价是筹集建设资金的依据。

（4）工程造价是评价投资效果的重要指标和手段。

2.1.2　工程造价的费用组成

1. 广义的工程造价费用组成

广义的工程造价包含工程项目按照确定的建设内容、建设规模、建设标准、功能和使用要求等全部建成并验收合格交付使用所需的全部费用。

按照国家发展和改革委员会和住房城乡建设部发布的《建设项目经济评价方法与参数》（第3版）的规定，我国现行工程造价的构成主要内容为：建筑安装工程费用、设备及工器具购置费用、工程建设其他费用、预备费、建设期贷款利息、固定资产投资方向调节税。具体构成如图2-1所示。

2. 狭义的工程造价费用组成

狭义的工程造价即指建筑安装工程费用。根据《住房和城乡建设部 财政部

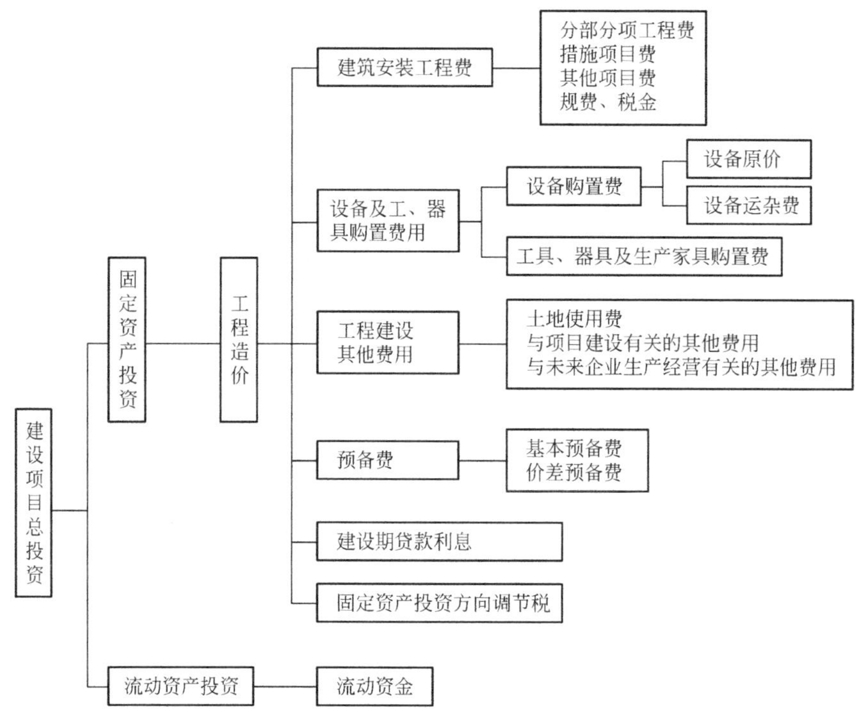

图 2-1　建设项目总投资（广义工程造价）的构成

关于印发〈建筑安装工程费用项目组成〉的通知》的规定，我国现行建筑安装工程费用组成项目如图 2-2 所示。

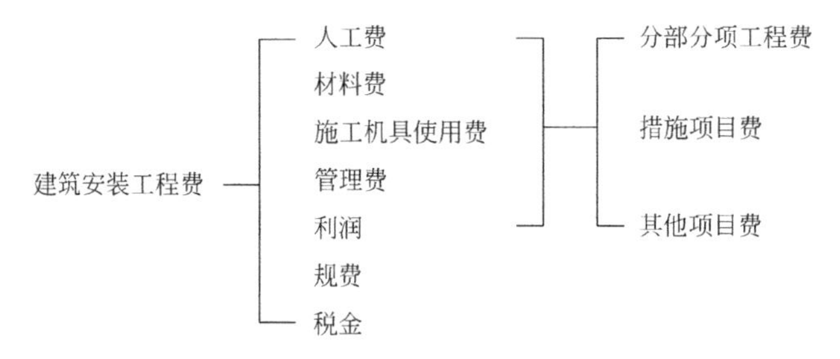

图 2-2　建筑安装工程费用的组成

1）按费用构成要素划分

建筑安装工程费按照费用构成要素划分为人工费、材料费（包含工程设备，下同）、施工机具使用费、企业管理费、利润、规费和税金。其中人工费、材料费、施工机具使用费、企业管理费和利润包含在分部分项工程费、措施项目费、其他项目费中。

（1）人工费，是指按工资总额构成规定，支付给从事建筑安装工程施工的生产工人和附属生产单位工人的各项费用。内容包括：

① 计时工资或计件工资：是指按计时工资标准和工作时间或对已做工作按计件单价支付给个人的劳动报酬。

② 奖金：是指对超额劳动和增收节支支付给个人的劳动报酬，如节约奖、劳动竞赛奖等。

③ 津贴补贴：是指为了补偿职工特殊或额外的劳动消耗和因其他特殊原因支付给个人的津贴，以及为了保证职工工资水平不受物价影响支付给个人的物价补贴，如流动施工津贴、特殊地区施工津贴、高温（寒）作业临时津贴、高空津贴等。

④ 加班加点工资：是指按规定支付的在法定节假日工作的加班工资和在法定日工作时间外延时工作的加点工资。

⑤ 特殊情况下支付的工资：是指根据国家法律、法规和政策规定，因病、工伤、产假、计划生育假、婚丧假、事假、探亲假、定期休假、停工学习、执行国家或社会义务等原因按计时工资标准或计时工资标准的一定比例支付的工资。

（2）材料费，是指施工过程中耗费的原材料、辅助材料、构配件、零件、半成品或成品、工程设备的费用。内容包括：

① 材料原价：是指材料、工程设备的出厂价格或商家供应价格。

② 运杂费：是指材料、工程设备自来源地运至工地仓库或指定堆放地点所发生的全部费用。

③ 运输损耗费：是指材料在运输装卸过程中不可避免的损耗。

④ 采购及保管费：是指为组织采购、供应和保管材料、工程设备的过程中所需要的各项费用，包括采购费、仓储费、工地保管费、仓储损耗。

⑤ 工程设备：是指构成或计划构成永久工程一部分的机电设备、金属结构设备、仪器装置及其他类似的设备和装置。

（3）施工机具使用费，是指施工作业所发生的施工机械、仪器仪表使用费或其租赁费。施工机具使用费由以下费用组成：

① 折旧费：指施工机械在规定的使用年限内，陆续收回其原值的费用。

② 大修理费：指施工机械按规定的大修理间隔台班进行必要的大修理，以恢复其正常功能所需的费用。

③ 经常修理费：指施工机械除大修理以外的各级保养和临时故障排除所需的费用。包括为保障机械正常运转所需替换设备与随机配备工具附具的摊销和维护费用，机械运转中日常保养所需润滑与擦拭的材料费用及机械停滞期间的维护和保养费用等。

④ 安拆费及场外运费：安拆费指施工机械（大型机械除外）在现场进行安装与拆卸所需的人工、材料、机械和试运转费用以及机械辅助设施的折旧、搭设、拆除等费用；场外运费指施工机械整体或分体自停放地点运至施工现场或由一施工地点运至另一施工地点的运输、装卸、辅助材料及架线等费用。

⑤ 人工费：指机上司机（司炉）和其他操作人员的人工费。

⑥ 燃料动力费：指施工机械在运转作业中所消耗的各种燃料及水、电等。

⑦ 税费：指施工机械按照国家规定应缴纳的车船使用税、保险费及年检费等。

（4）企业管理费，是指建筑安装企业组织施工生产和经营管理所需的费用。内容包括：

① 管理人员工资：是指按规定支付给管理人员的计时工资、奖金、津贴补贴、加班加点工资及特殊情况下支付的工资等。

② 办公费：是指企业管理办公用的文具、纸张、账表、印刷、邮电、书报、办公软件、现场监控、会议、水电、烧水和集体取暖降温（包括现场临时宿舍取暖降温）等费用。

③ 差旅交通费：是指职工因公出差、调动工作的差旅费、住勤补助费，市内交通费和误餐补助费，职工探亲路费，劳动力招募费，职工退休、退职一次性路费，工伤人员就医路费，工地转移费以及管理部门使用的交通工具的油料、燃料等费用。

④ 固定资产使用费：是指管理和试验部门及附属生产单位使用的属于固定资产的房屋、设备、仪器等的折旧、大修、维修或租赁费。

⑤ 工具用具使用费：是指企业施工生产和管理使用的不属于固定资产的工具、器具、家具、交通工具和检验、试验、测绘、消防用具等的购置、维修和摊销费。

⑥ 劳动保险和职工福利费：是指由企业支付的职工退职金、按规定支付给离休干部的经费，集体福利费、夏季防暑降温、冬季取暖补贴、上下班交通补贴等。

⑦ 劳动保护费：是企业按规定发放的劳动保护用品的支出，如工作服、手套、防暑降温饮料以及在有碍身体健康的环境中施工的保健费用等。

⑧ 检验试验费：是指施工企业按照有关标准规定，对建筑以及材料、构件和建筑安装物进行一般鉴定、检查所发生的费用，包括自设试验室进行试验所耗用的材料等费用。不包括新结构、新材料的试验费，对构件做破坏性试验及其他特殊要求检验试验的费用和建设单位委托检测机构进行检测的费用，对此类检测发生的费用，由建设单位在工程建设其他费用中列支。但对施工企业提供的具有

合格证明的材料进行检测不合格的，该检测费用由施工企业支付。

⑨ 工会经费：是指企业按《工会法》规定的全部职工工资总额比例计提的工会经费。

⑩ 职工教育经费：是指按职工工资总额的规定比例计提，企业为职工进行专业技术和职业技能培训，专业技术人员继续教育、职工职业技能鉴定、职业资格认定以及根据需要对职工进行各类文化教育所发生的费用。

⑪ 财产保险费：是指施工管理用财产、车辆等的保险费用。

⑫ 财务费：是指企业为施工生产筹集资金或提供预付款担保、履约担保、职工工资支付担保等所发生的各种费用。

⑬ 税金：是指企业按规定缴纳的房产税、车船使用税、土地使用税、印花税等。

⑭ 其他：包括技术转让费、技术开发费、投标费、业务招待费、绿化费、广告费、公证费、法律顾问费、审计费、咨询费、保险费等。

（5）利润，是指施工企业完成所承包工程获得的盈利。

（6）规费，是指按国家法律、法规规定，由省级政府和省级有关权力部门规定必须缴纳或计取的费用。包括：

① 养老保险费：是指企业按照规定标准为职工缴纳的基本养老保险费。

② 失业保险费：是指企业按照规定标准为职工缴纳的失业保险费。

③ 医疗保险费：是指企业按照规定标准为职工缴纳的基本医疗保险费。

④ 生育保险费：是指企业按照规定标准为职工缴纳的生育保险费。

⑤ 工伤保险费：是指企业按照规定标准为职工缴纳的工伤保险费。

⑥ 住房公积金：是指企业按规定标准为职工缴纳的住房公积金。

⑦ 工程排污费：是指按规定缴纳的施工现场工程排污费。

其他应列而未列入的规费，按实际发生计取。

（7）税金，税金是指国家税法规定的应计入建筑安装工程造价内的增值税、城市维护建设税、教育费附加以及地方教育附加。

2）按造价形成划分

建筑安装工程费按照工程造价形成由分部分项工程费、措施项目费、其他项目费、规费、税金组成，分部分项工程费、措施项目费、其他项目费均包含人工费、材料费、施工机具使用费、企业管理费和利润。

（1）分部分项工程费，是指各专业工程的分部分项工程应予列支的各项费用。

① 专业工程：是指按现行国家国家计量规范划分的房屋建筑与装饰工程、仿古建筑工程、通用安装工程、市政工程、园林绿化工程、矿山工程、构筑物工程、城市轨道交通工程、爆破工程等各类工程。

② 分部分项工程：指按现行国家国家计量规范对各专业工程划分的项目，如房屋建筑与装饰工程划分的土石方工程、地基处理与桩基工程、砌筑工程、钢筋及钢筋混凝土工程等。

各类专业工程的分部分项工程划分见现行国家或行业计量规范。

(2) 措施项目费，是指为完成建设工程施工，发生于该工程施工前和施工过程中的技术、生活、安全、环境保护等方面的费用。内容包括：

① 安全文明施工费：

a. 环境保护费：是指施工现场为达到环保部门要求所需要的各项费用。

b. 文明施工费：是指施工现场文明施工所需要的各项费用。

c. 安全施工费：是指施工现场安全施工所需要的各项费用。

d. 临时设施费：是指施工企业为进行建设工程施工所必须搭设的生活和生产用的临时建筑物、构筑物和其他临时设施费用。包括临时设施的搭设、维修、拆除、清理费或摊销费等。

② 夜间施工增加费：是指因夜间施工所发生的夜班补助费、夜间施工降效、夜间施工照明设备摊销及照明用电等费用。

③ 二次搬运费：是指因施工场地条件限制而发生的材料、构配件、半成品等一次运输不能到达堆放地点，必须进行二次或多次搬运所发生的费用。

④ 冬雨季施工增加费：是指在冬季或雨季施工需增加的临时设施、防滑、排除雨雪，人工及施工机械效率降低等费用。

⑤ 已完工程及设备保护费：是指竣工验收前，对已完工程及设备采取的必要保护措施所发生的费用。

⑥ 工程定位复测费：是指工程施工过程中进行全部施工测量放线和复测工作的费用。

⑦ 特殊地区施工增加费：是指工程在沙漠或其边缘地区、高海拔、高寒、原始森林等特殊地区施工增加的费用。

⑧ 大型机械设备进出场及安拆费：是指机械整体或分体自停放场地运至施工现场或由一个施工地点运至另一个施工地点，所发生的机械进出场运输及转移费用及机械在施工现场进行安装、拆卸所需的人工费、材料费、机械费、试运转费和安装所需的辅助设施的费用。

⑨ 脚手架工程费：是指施工需要的各种脚手架搭、拆、运输费用以及脚手架购置费的摊销（或租赁）费用。

⑩ 措施项目及其包含的内容详见各类专业工程的现行国家或行业国家计量规范。

(3) 其他项目费，是指除上述分部分项工程费和措施项目费以外还可能发生

的费用。具体内容为：

① 暂列金额：是指建设单位在工程量清单中暂定并包括在工程合同价款中的一笔款项。用于施工合同签订时尚未确定或者不可预见的所需材料、工程设备、服务的采购，施工中可能发生的工程变更、合同约定调整因素出现时的工程价款调整以及发生的索赔、现场签证确认等的费用。

② 计日工：是指在施工过程中，施工企业完成建设单位提出的施工图纸以外的零星项目或工作所需的费用。

③ 总承包服务费：是指总承包人为配合、协调建设单位进行的专业工程发包，对建设单位自行采购的材料、工程设备等进行保管以及施工现场管理、竣工资料汇总整理等服务所需的费用。

（4）规费，是指按国家法律、法规规定，由省级政府和省级有关权力部门规定必须缴纳或计取的费用。包括：

① 养老保险费：是指企业按照规定标准为职工缴纳的基本养老保险费。

② 失业保险费：是指企业按照规定标准为职工缴纳的失业保险费。

③ 医疗保险费：是指企业按照规定标准为职工缴纳的基本医疗保险费。

④ 生育保险费：是指企业按照规定标准为职工缴纳的生育保险费。

⑤ 工伤保险费：是指企业按照规定标准为职工缴纳的工伤保险费。

⑥ 住房公积金：是指企业按规定标准为职工缴纳的住房公积金。

⑦ 工程排污费：是指按规定缴纳的施工现场工程排污费。

其他应列而未列入的规费，按实际发生计取。

（5）税金，是指国家税法规定的应计入建筑安装工程造价内的增值税、城市维护建设税、教育费附加以及地方教育附加。

2.2　工程计价依据

2.2.1　工程建设定额

1. 定额的含义

定额即指规定的额度。工程建设定额是指在工程建设中单位合格产品消耗人工、材料、机械使用量的规定额度。这种规定的额度反映的是在一定的社会生产力发展水平的条件下，完成工程建设中的某项产品与各种生产耗费之间特定的数量关系。

在工程建设定额中，单位合格产品的外延是很不确定的。它可以指工程建设的最终产品——建设项目，例如一个钢铁厂、一所学校等；也可以是建设项目中的某单项工程，如一所学校中的图书馆、教学楼、学生宿舍楼等；也可以是单项工程中的单位工程，例如一栋教学楼中的建筑工程、水电安装工程、装饰装修工程等；还可以是单位工程中的分部分项工程，如砌一砖清水砖墙、砌1/2砖混水砖墙等。

2. 定额的分类

工程建设定额是工程建设中各类定额的总称，它包括许多种类的定额，为了对工程建设定额能有一个全面的了解，可以按照不同的原则和方法对它进行科学的分类。

1）按定额反映的生产要素内容分类

按定额反映的生产要素内容可以把工程建设定额分为劳动消耗定额、材料消耗定额和机械消耗定额3种。

(1) 劳动消耗定额。劳动消耗定额，简称劳动定额，或称人工定额。是指完成单位合格产品所需活劳动（人工）消耗的数量标准。为了便于综合和核算，劳动定额大多采用工作时间消耗量来计算劳动消耗的数量。所以劳动定额主要表现形式是时间定额，同时也表现为产量定额。人工时间定额和产量定额互为倒数关系。

(2) 材料消耗定额。材料消耗定额，简称材料定额。是指完成单位合格产品所需消耗材料的数量标准。材料是工程建设中使用的原材料、成品、半成品、构配件、燃料以及水、电等动力资源的统称。

(3) 机械消耗定额。机械消耗定额，简称机械定额。是指为完成单位合格产品所需施工机械消耗的数量标准。机械消耗定额的主要表现形式是机械时间定额，同时也表现为产量定额。机械时间定额和机械产量定额互为倒数关系。

2）按照定额的编制程序和用途分类

按照定额的编制程序和用途可以把工程建设定额分为施工定额、消耗量定额、概算定额、概算指标、投资估算指标5种。

(1) 施工定额。施工定额是以“工序”为研究对象编制的定额。它由劳动定额、机械定额和材料定额三个相对独立的部分组成。为了适应组织生产和管理的需要，施工定额的项目划分很细，是工程建设定额中分项最细、定额子目最多的一种定额，也是工程建设定额中的基础性定额。

施工定额又是施工企业组织施工生产和加强管理在企业内部使用的一种定额，属于企业生产定额的性质。施工定额是作为编制工程的施工组织设计、施工预算、施工作业计划、签发施工任务单、限额领料及结算计件工资或计算奖励工资等的依据，同时也是编制消耗量定额的基础。

(2) 预算定额。预算定额是以建筑物或构筑物的各个分部分项工程为对象编制的定额。预算定额的内容包括劳动定额、材料定额和机械定额三个组成部分。

预算定额属计价定额的性质。在编制施工图预算时，是计算工程造价和计算工程中所需劳动力、机械台班、材料数量时使用的一种定额，是确定工程预算和工程造价的重要基础，也可作为编制施工组织设计的参考。同时预算定额也是概算定额的编制基础，所以预算定额在工程建设定额中占有很重要的地位。

(3) 概算定额。概算定额是以扩大的分部分项工程为对象编制的定额，是在消耗量定额的基础上综合扩大而成的，每一综合分项概算定额都包含了数项消耗量定额的内容。概算定额的内容也包括劳动定额、材料定额和机械定额三个组成部分。

概算定额也是一种计价定额。是编制扩大初步设计概算时，计算和确定工程概算造价，计算劳动力、机械台班、材料需要量所使用的定额。

(4) 概算指标。概算指标是以整个建筑物和构筑物为对象，以更为扩大的计量单位来编制的一种计价指标。是在初步设计阶段，计算和确定工程的初步设计概算造价，计算劳动力、机械台班、材料需要量时所采用的一种指标。是编制年度任务计划、建设计划的参考，也是编制投资估算指标的依据。

(5) 投资估算指标。投资估算指标是以独立的单项工程或完整的工程项目为对象，根据历史形成的预决算资料编制的一种指标。内容一般可分为建设项目综合指标、单项工程指标和单位工程指标三个层次。

投资估算指标也是一种计价指标。它是在项目建议书和可行性研究阶段编制投资估算、计算投资需要量时使用的定额。也可作为编制固定资产长远计划投资额的参考。

3) 按照投资的费用性质分类

按照投资的费用性质可以把工程建设定额分为建筑工程定额、设备安装工程定额、建筑安装工程费用定额、工器具定额以及工程建设其他费用定额等。

(1) 建筑工程定额。建筑工程定额是建筑工程的施工定额、预算定额、概算定额和概算指标的统称。建筑工程，一般理解为房屋和构筑物工程。具体包括一般土建工程、电气工程（动力、照明、弱电）、卫生技术（水、暖、通风）工程、工业管道工程、特殊构筑物工程等。广义上它也被理解为除房屋和构筑物外还包含其他各类工程，如道路、铁路、桥梁、隧道、运河、堤坝、港口、电站、机场等工程。建筑工程定额在整个工程建设定额中是一种非常重要的定额，在定额管理中占有突出的地位。

(2) 设备安装工程定额。设备安装工程是对需要安装的设备进行定位、组合、校正、调试等工作的工程。在工业项目中，机械设备安装和电气设备安装工程占有重要地位。因为生产设备大多要安装后才能运转，不需要安装的设备很少。在非生产性的建设项目中，由于社会生活和城市设施的日益现代化，设备安装工程也在不断增加。设备安装工程定额是安装工程施工定额、消耗量定额、概算定额和概算指标的统称。所以设备安装工程定额也是工程建设定额中的重要部分。

(3) 工程费用定额。工程费用定额一般包括以下两部分内容：

① 措施费用定额。是指消耗量定额分项内容以外，为完成工程项目施工，发生于该工程施工前和施工过程中非工程实体项目费用，且与建筑安装施工生产直接有关的各项费用开支标准。措施费用定额由于其费用发生的特点不同，只能独立于预算定额之外。它也是编制施工图预算和概算的依据。

② 间接费定额。是指与建筑安装施工生产的个别产品无关，而为企业生产全部产品所必需、为维持企业的经营管理活动所必须发生的各项费用开支的标准。由于间接费中许多费用的发生与施工任务的大小没有直接关系，因此，通过间接费定额这一工具，有效地控制间接费的发生是十分必要的。

(4) 工器具定额。工器具定额是为新建或扩建项目投产运转首次配置的工具、器具数量标准。工具和器具是指按照有关规定不够固定资产标准而起劳动手段作用的工具、器具和生产用具，如翻砂用模型、工具箱、计量器、容器、仪器等。

(5) 工程建设其他费用定额。工程建设其他费用定额是独立于建筑安装工程费、设备和工器具购置费之外的其他费用开支的额度标准。工程建设其他费用的发生和整个项目的建设密切相关。它一般要占项目总投资的10%左右。工程建设其他费用定额是按各项独立费用分别制定的，以便合理控制这些费用的开支。

4) 按照专业性质分类

按照专业性质分类工程建设定额分为全国通用定额、行业通用定额和专业专用定额3种。全国通用定额是指在部门间和地区间都可以使用的定额；行业通用定额是指具有专业特点在行业部门内可以通用的定额；专业专用定额是指特殊专业的定额，只能在指定范围内使用。

5) 按主编单位和管理权限分类

按主编单位和管理权限分类工程建设定额可分为全国统一定额、行业统一定额、地区统一定额、企业定额和补充定额5种。

(1) 全国统一定额。全国统一定额是由国家建设行政主管部门综合全国工程建设中技术和施工组织管理的情况编制，并在全国范围内执行的定额，如《房屋建筑与装饰工程消耗量定额》《装配式建筑工程消耗量定额》等。

(2) 行业统一定额。行业统一定额是考虑到各行业部门专业工程技术特点，以及施工生产和管理水平编制的。一般是只在本行业和相同专业性质的范围内使用的专业定额，如《矿井建设工程定额》《铁路建设工程定额》等。

（3）地区统一定额。地区统一定额包括省、自治区、直辖市定额。地区统一定额主要是考虑地区性特点和全国统一定额水平做适当调整补充编制的，如《上海市建筑工程预算定额》《广东省建筑工程预算定额》《云南省房屋建筑与装饰工程消耗量定额》《云南省建设工程综合单价计价标准——装配式建筑工程》等。

（4）企业定额。企业定额是指由施工企业考虑本企业具体情况，参照国家、部门或地区定额的水平制定的定额。企业定额只在企业内部使用，是企业素质的一个标志。企业定额水平一般应高于国家现行预算定额，这样才能满足生产技术发展、企业管理和市场竞争的需要。

2.2.2　消耗量定额

1. 消耗量定额的概念

消耗量定额（预算定额在实际应用中的另一种名称），是指完成单位合格产品（分项工程或结构构件）所需的人工、材料和机械消耗的数量标准，是计算建筑安装产品价格的基础，如表 2-1 所示。

预制混凝土实心柱安装消耗量定额　　表 2-1

计量单位：$10m^3$

定额编号			7-1-1
项　目			实心柱
类别	名称	单位	数　量
人工	综合人工	工日	14.0218
材料	预制混凝土柱	m^3	10.050
	干混砌筑砂浆 DM M20	m^3	0.080
	垫铁	t	0.007
	垫木	m^3	0.010
	斜支撑杆件 Φ48×3.5mm	套	0.340
	预埋铁件	t	0.013
	其他材料费	%	0.600
机械	干混砂浆罐式搅拌机 公称储量 20000L	台班	0.008

查看表 2-1 中“7-1-1 实心柱”子目，完成 $10m^3$ 预制混凝土实心柱的安装，人工消耗量是 14.0218 工日，预制混凝土柱消耗量是 $10.050m^3$，干混砌筑砂浆消耗量是 $0.080m^3$，其他材料费消耗量是材料消耗量总和的 0.600%，干混砂浆罐式搅拌机（公称储量 20000L）消耗量是 0.008 台班。

消耗量定额是工程建设中一项重要的技术经济文件，它的各项指标，反映了在完成单位分项工程消耗的活劳动和物化劳动的数量限度。编制施工图预算时，需要按照施工图纸和工程量计算规则计算工程量，还需要借助消耗量定额计算出人工、材料和机械的消耗量，并在此基础上计算出各分部分项工程的价格。

2. 消耗量定额的性质

消耗量定额是在编制施工图预算时，计算工程造价和计算工程中人工、材料和机械台班消耗量使用的一种定额。消耗量定额是一种计价性质的定额，在工程建设定额中占有很重要的地位。

3. 消耗量定额的作用

（1）消耗量定额是编制施工图预算、确定建筑安装工程造价的基础。施工图设计完成以后，工程预算就取决于工程量计算是否准确，消耗量定额水平，人工、材料、机械台班的单价，取费标准等因素。所以，消耗量定额是确定建筑安装工程造价的基础之一。

（2）消耗量定额是编制施工组织设计的依据。施工组织设计的重要任务之一是确定施工中人工、材料、机械的供求量，并做出最佳安排。施工单位在缺乏企业定额的情况下根据消耗量定额也能较准确地计算出施工中所需的人工、材料、机械的需要量，为有计划组织材料采购和预制构件加工、劳动力和施工机械的调配，提供了可靠的计算依据。

（3）消耗量定额是工程结算的依据。工程结算是建设单位和施工单位按照工程进度对已完的分部分项工程实现货币支付的行为。按进度支付工程款，需要根据消耗量定额将已完工程的造价计算出来。单位工程验收后，再按竣工工程量、消耗量定额和施工合同规定进行竣工结算，以保证建设单位建设资金的合理使用和施工单位的经济收入。

（4）消耗量定额是施工单位进行经济活动分析的依据。消耗量定额规定的人工、材料、机械的消耗指标是施工单位在生产经营中允许消耗的最高标准。在目前，消耗量定额决定着施工单位的收入，施工单位就必须以消耗量定额作为评价企业工作的重要标准，作为努力实现的具体目标。只有在施工中尽量降低劳动消耗、采用新技术、提高劳动者的素质，提高劳动生产率，才能取得较好的经济效果。

（5）消耗量定额是编制概算定额的基础。概算定额是在消耗量定额的基础上经综合扩大编制的。利用消耗量定额作为编制依据，不但可以节约编制工作需大量的人力、物力、时间，收到事半功倍的效果，还可以使概算定额在定额的水平上保持一致。

（6）消耗量定额是合理编制招标控制价、投标报价的基础。在招投标阶段，建设单位所编制的招标控制价，须参照消耗量定额编制。随着工程造价管理的不

断深化改革，对于施工单位来说，消耗量定额作为指令性的作用正日益削弱，施工企业的报价按照企业定额来编制。只是现在施工单位无企业定额，还在参照消耗量定额编制投标报价。

2.2.3 单位估价表

单位估价表是消耗量定额的价格表现形式，是以货币形式确定的一定计量单位分部分项工程或结构构件人工费、材料费、机械费的表格文件。它是根据消耗量定额所确定的人工、材料、机械台班消耗数量乘以人工工资单价、材料预算单价、机械台班单价汇总而成的一种表格。

单位估价表的内容由两部分组成：一是消耗量定额规定的人工、材料、机械台班的消耗数量；二是当地现行的人工工资单价、材料预算单价、机械台班单价。编制单位估价表就是把三种“量”与“价”分别结合起来，得出分部分项工程的“三费”，即人工费、材料费、机械费，三费汇总即称为分部分项工程基价，如表2-2所示。

预制混凝土实心柱安装单位估价表　　表2-2

计量单位：$10m^3$

定额编号				7-1-1
项　目				实心柱
基价(元)				897.26
其中	人工费(元)			895.71
	材料费(元)			—
	机械费(元)			1.55
类别	名称	单位	单价(元)	数　量
人工	综合人工	工日	63.88	14.0218
材料	预制混凝土柱	m^3	—	10.050
	干混砌筑砂浆 DM M20	m^3	—	0.080
	垫铁	t	—	0.007
	垫木	m^3	—	0.010
	斜支撑杆件 Φ48×3.5mm	套	—	0.340
	预埋铁件	t	—	0.013
	其他材料费	%	—	0.600
机械		台班	193.93	0.008

查看表2-2中“7-1-1 实心柱”子目可知，完成$10m^3$预制混凝土实心柱的安

装，人工费是 895.71 元（即 14.0218×63.88＝895.71），材料费为“—”，是因为表中所有材料都没有填入材料预算单价，因而所有材料都应理解为“未计价材”，机械费是 1.55 元（即 193.93×0.008＝1.55），基价为 897.26 元，只是人工费与机械费之和，没有计算材料费，所以此基价为不完全单价。

2.2.4 计价定额

为适用工程量清单计价的需要，可将“消耗量定额”和“单位估价表”编制成方便使用的《计价定额》（有的也称之为《计价标准》。

1.《计价定额》的编制

《计价定额》一般以单位工程为对象编制，按分部工程分章，章以下分节，节以下为定额子目，每一个定额子目代表一个与之相对应的分项工程，所以分项工程是构成消耗量定额的最小单元。

以《××省建设工程综合单价计价标准——装配式建筑工程》为例，一部《计价定额》包括以下内容：

1）建设主管部门文件。该文件是《××省建设工程综合单价计价标准——装配式建筑工程》具有法令性（或指导性）的必要依据。文件中明确该《计价标准》的编制依据、执行时间、适用范围，并说明该《计价标准》的解释权和管理权。

2）《计价定额》总说明。

3）各分部工程说明及工程量计算规则。

4）各分项工程的“消耗量定额”和“单位估价表”项目表。内容包括：

（1）各定额子目的工作内容及施工工艺标准。

（2）各定额子目的定额编号、项目名称。

（3）各定额子目的“基价”以及其中的人工费、材料费、机械费。

（4）各定额子目的人工、材料、机械的名称和计量单位、单价、消耗数量。

2.《计价定额》的应用

（1）若采用定额计价法编制单位工程施工图预算，可利用《计价定额》中的“单位估价表”计算分项工程的人工费、材料费和机械费。

【例 2-1】 某地《计价定额》中砌“一砖混水砖墙”的“单位估价表”见表 2-3。已知工程量为 200m^3，计算完成 200m^3“一砖混水砖墙”所需的人、材、机费。

【解】 完成 200m^3“一砖混水砖墙”所需的人、材、机费为：

人工费＝1286.40×200/10＝25728（元）

材料费＝2322.54×200/10＝46450.80（元）

机械费＝38.88×200/10＝777.60（元）

砖墙分项工程单位估价表　　**表 2-3**

定额单位：$10m^3$

<table>
<tr><td colspan="4">定　额　编　号</td><td>4-10</td></tr>
<tr><td colspan="4">项　　目</td><td>一砖混水砖墙</td></tr>
<tr><td colspan="4">基　　价(元)</td><td>3647.82</td></tr>
<tr><td rowspan="3">其中</td><td colspan="3">人　工　费(元)</td><td>1286.40</td></tr>
<tr><td colspan="3">材　料　费(元)</td><td>2322.54</td></tr>
<tr><td colspan="3">机　械　费(元)</td><td>38.88</td></tr>
<tr><td colspan="2">名称</td><td>单位</td><td>单价(元)</td><td>数量</td></tr>
<tr><td>人工</td><td>综合工日</td><td>工日</td><td>80.00</td><td>16.08</td></tr>
<tr><td rowspan="3">材料</td><td>混合砂浆 M5</td><td>m^3</td><td>248.00</td><td>2.396</td></tr>
<tr><td>普通黏土砖</td><td>千块</td><td>320.00</td><td>5.30</td></tr>
<tr><td>水</td><td>m^3</td><td>3.00</td><td>1.06</td></tr>
<tr><td>机械</td><td>灰浆搅拌机 200L</td><td>台班</td><td>102.32</td><td>0.38</td></tr>
</table>

(2) 若采用工程量清单计价法编制单位工程施工图预算，可利用《计价定额》中人工、材料、机械台班消耗量，结合当地的人工工资单价、材料预算单价、机械台班单价，以及管理费率和利润率确定分部分项工程的综合单价，进而计算出分部分项工程费。

【例 2-2】《全国统一建筑工程基础定额》中砌"一砖混水砖墙"的定额消耗量见表 2-4。招标文件提供的工程量清单中"一砖混水砖墙"清单工程量为 $200m^3$。

砖墙消耗量定额　　**表 2-4**

定额单位：$10m^3$

<table>
<tr><td colspan="3">定　额　编　号</td><td>4-10</td></tr>
<tr><td colspan="3">项　　目</td><td>一砖混水砖墙</td></tr>
<tr><td colspan="2">名称</td><td>单位</td><td>数量</td></tr>
<tr><td>人工</td><td>综合工日</td><td>工日</td><td>16.08</td></tr>
<tr><td rowspan="3">材料</td><td>混合砂浆 M5</td><td>m^3</td><td>2.396</td></tr>
<tr><td>普通黏土砖</td><td>千块</td><td>5.30</td></tr>
<tr><td>水</td><td>m^3</td><td>1.06</td></tr>
<tr><td>机械</td><td>灰浆搅拌机 200L</td><td>台班</td><td>0.38</td></tr>
</table>

经询价知该地区的人工工资单价为 80 元/工日，M5 混合砂浆 248 元/m^3，普通黏土砖 325.50 元/千块，水 3.00 元/m^3，200L 灰浆搅拌机 102.32 元/台班，管理费率为 33%（以人、机费之和为计费基数），利润率为 20%（以人、机费之

和为计费基数）。试计算 200m³ 一砖混水砖墙的分部分项工程费。

【解】 工程量清单计价中的“综合单价”是由“人工费、材料费、机械费、管理费、利润”组成。从表 2-4 可知定额编号为“4-10”的“一砖混水砖墙”的人、材、机的消耗量，根据当地人工、材料、机械台班的单价，可求出“综合单价”中的人、材、机单价，再依据管理费率、利润率求出管理费和利润单价，从而可求出“一砖混水砖墙”分项工程的“综合单价”，最后求出砌筑 200m³ “一砖混水砖墙”的分部分项工程费。具体计算如下：

人工费单价＝16.08×80＝1286.4 元/10m³

材料费单价＝2.396×248＋5.3×325.50＋1.06×3＝2322.54 元/10m³

机械费单价＝0.38×102.32＝38.88 元/10m³

管理费单价＝（1286.4＋38.88）×33%＝437.34 元/10m³

利润单价＝（1286.4＋38.88）×20%＝265.06 元/10m³

综合单价＝1286.4＋2322.52＋38.88＋437.34＋265.06＝4350.20 元/10m³
＝435.02 元/m³

所以，砌筑 200m³ “一砖混水砖墙”的分部分项工程费为：

435.02×200＝87004.00（元）

（3）根据消耗量定额的消耗量进行工料分析。单位工程施工图预算的工料分析，是根据单位工程各分部分项工程的预算工程量，运用消耗量定额，详细计算出一个单位工程的人工、材料、机械台班的需用量的分解汇总过程。

通过工料分析，可得到单位工程对人工、材料、机械台班的需用量，它是工程消耗的最高限额；是编制单位工程劳动计划、材料供应计划的基础，是经济核算的基础，是向生产班组下达施工任务和考核人工、材料节超情况的依据。它为分析技术经济指标提供依据，并为编制施工组织设计和施工方案提供依据。

【例 2-3】 根据“全国统一建筑工程工程量计算规则”计算出“一砖混水砖墙”分项工程的预算工程量为 30m³，用《全国统一建筑工程基础定额》中一砖混水砖墙定额（见表 2-4）的人、材、机消耗量，分析计算 30m³ 砖基础分项工程所需的人工、普通黏土砖、M5.0 水泥砂浆的需用量。

【解】 分析计算如下：

综合工日＝16.08（工日/10m³）×30（m³）/10＝48.25（工日）

普通黏土砖＝5.3（千块/10m³）×30（m³）/10＝15.9（千块）

M5.0 水泥砂浆＝2.396（m³/10m³）×30（m³）/10＝7.188（m³）

2.2.5 装配式建筑定额总说明

1. 目的意义

为贯彻落实《国务院办公厅关于大力发展装配式建筑的指导意见》（国办发

〔2016〕71号）和“适用、经济、安全、绿色、美观”的建筑方针，推进建造方式创新，促进传统建造方式向现代建造方式转变，满足装配式建筑项目的计价需要，合理确定和有效控制其工程造价，特制定《××省装配式建筑工程消耗量定额》。

2. 适用范围

《××省装配式建筑工程消耗量定额》适用于在本省行政区域内建设的装配式混凝土结构、钢结构、木结构建筑工程项目。

3. 定额作用

《××省装配式建筑工程消耗量定额》是完成规定计量单位分部分项工程项目、措施项目所需人工、材料、施工机械台班的消耗量标准，是编制国有投资工程的投资估算、设计概算、施工图预算、招标控制价、工程结算、竣工决算，进行工程造价纠纷技术鉴定和行政调解的依据和基础。

4. 使用规定

《××省装配式建筑工程消耗量定额》应与现行《房屋建筑与装饰工程消耗量定额》配套使用。装配式建筑定额仅包括符合装配式建筑项目特征的相关定额项目，对装配式建筑中采用传统施工工艺的项目，根据本定额有关说明按现行《房屋建筑与装饰工程消耗量定额》的相应项目及规定执行。

5. 编制依据

《××省装配式建筑工程消耗量定额》是按现行的装配式建筑工程施工验收规范、质量评定标准和安全操作规程，根据正常的施工条件和合理的劳动组织与工期安排，结合省内大多数施工企业现阶段采用的施工方法、机械化程度进行编制的。

6. 人工说明

（1）人工包括基本用工、超运距用工、辅助用工和人工幅度差。

（2）人工每工日按8小时工作制计算。

7. 材料说明

（1）采用的材料（包括构配件、零件、半成品、成品）均为符合国家质量标准和相应设计要求的合格产品。

（2）材料包括施工中主要材料、辅助材料、周转材料和其他材料。

（3）材料消耗量包括净用量和损耗量。损耗量包括：从工地仓库、现场集中堆放地点（或现场加工地点）至操作（或安装）地点的施工场内运输损耗、施工操作损耗、施工现场堆放损耗等，规范或设计文件规定的预留量不在损耗中考虑。

（4）各类预制构配件均按成品构件现场安装进行编制。

（5）所使用的砂浆均按干混预拌砂浆编制，若实际使用现拌砂浆或湿拌预拌砂浆时，按以下方法调整。

① 使用现拌砂浆的，除将定额中的干混预拌砂浆调整为现拌砂浆外，每立方米砂浆增加人工费 36.29 元，同时将原定额中干混砂浆罐式搅拌机调整为 200L 灰浆搅拌机，台班含量不变。

② 使用湿拌预拌砂浆的，除定额中的干混预拌砂浆调整为湿拌预拌砂浆外，另按相应定额中立方米砂浆扣除人工费 19.00 元，并扣除干混砂浆罐式搅拌机台班数量。

(6)《××省装配式建筑工程消耗量定额》中的后浇混凝土是按预拌混凝土编制的，实际采用现场搅拌混凝土时，每立方米混凝增加人工费 64.86 元，增加双锥反转出料 500L 混凝土搅拌机 0.03 台班、水 0.038m^3。

(7)《××省装配式建筑工程消耗量定额》的周转材料按摊销量进行编制，已包括回库维修的耗量。

(8) 对于用量少、低值易耗的零星材料，列为其他材料。其他材料费以子目材料费之和为基础，按百分率计算。

8. 机械说明

(1) 机械按常用机械、合理机械配备和施工企业的机械化装备程度，并结合工程综合确定。

(2) 机械台班消耗量是按正常机械施工工效并考虑机械幅度差综合确定，每台班按 8 小时工作制计算。

(3) 凡单位价值 2000 元以内、使用年限在一年以内的不构成固定资产的施工机械，不列入台班消耗量，作为工具用具在建筑安装工程费中的企业管理费考虑，其消耗的燃料动力消耗量列入材料消耗量内。

9. 工作内容

《××省装配式建筑工程消耗量定额》的工作内容已说明了主要的施工工序，次要工序未一一列出，但均已包括在内。

10. 系数连乘

《××省装配式建筑工程消耗量定额》中遇有两个或两个以上系数时，按连乘法计算。

11. 计价规则

《××省装配式建筑工程消耗量定额》的造价计价规则按《××省建设工程造价计价规则及机械仪器仪表台班费额》DBJ 53/T—58—2013 中第一部分规定计算，本定额全部分部分项子目应按房屋建筑与装饰工程专业计价，税金按×建标〔2016〕207 号《关于建筑营业税改增值税后调整××省建设工程依据的实施意见》的通知规定计算。

12. 其他说明

(1) 定额中凡注明“××以内”或“××以下”的，均包括“××”本身；

注明"××以外""××以上"的，则不包括"××"本身。

（2）定额中未注明或省略的尺寸单位，为"mm"。

（3）本说明未尽事宜，详见各章说明及附注。

2.2.6　清单计价规范

国家标准的《建设工程工程量清单计价规范》GB 50500—2003，自2003年7月1日起实施。

《建设工程工程量清单计价规范》是根据《中华人民共和国建筑法》《中华人民共和国合同法》《中华人民共和国招投标法》等法律，以及最高人民法院《关于审理建设工程施工合同纠纷案件适用法律问题的解释》（法释〔2004〕14号），按照我国工程造价管理改革的总体目标，本着国家宏观调控、市场竞争形成价格的原则制定的。

《建设工程工程量清单计价规范》共发布过2003年、2008年、2013年三个版本。2013版《建设工程工程量清单计价规范》在2008版的基础上，对体系做了较大调整，由1本《建设工程工程量清单计价规范》和9本《工程量计算规范》组成，具体内容是：

（1）《建设工程工程量清单计价规范》GB 50500—2013。

（2）《房屋建筑与装饰工程工程量计算规范》GB 50854—2013。

（3）《仿古建筑工程工程量计算规范》GB 50855—2013。

（4）《通用安装工程工程量计算规范》GB 50856—2013。

（5）《市政工程工程量计算规范》GB 50857—2013。

（6）《园林绿化工程工程量计算规范》GB 50858—2013。

（7）《矿山工程工程量计算规范》GB 50859—2013。

（8）《构筑物工程工程量计算规范》GB 50860—2013。

（9）《城市轨道交通工程工程量计算规范》GB 50861—2013。

（10）《爆破工程工程量计算规范》GB 50862—2013。

《建设工程工程量清单计价规范》是统一工程量清单编制、规范工程量清单计价的国家标准；是调节建设工程招标投标中使用清单计价的招标人、投标人双方利益的规范性文件；是我国在招标投标中实行工程量清单计价的基础；是参与招标投标各方进行工程量清单计价应遵守的准则；是各级建设行政主管部门对工程造价计价活动进行监督管理的重要依据。

《建设工程工程量清单计价规范》内容包括：总则、术语、一般规定、工程量清单编制、招标控制价、投标报价、合同价款约定、工程计量、合同价款调整、合同价款中期支付、合同解除的价款结算与支付、合同价款争议的解决、工程造价鉴定、工程计价资料与档案、工程计价表格及 11 个附录。

根据《建设工程工程量清单计价规范》规定，工程量清单计价的表格主要有以下 20 种。

（1）用于招标控制价的封面（表 2-5）。

招标控制价封面 **表 2-5**

______________工程 招标控制价 招标人：______________ （单位盖章） 造价咨询人：______________ （单位盖章） 年　　月　　日

（2）用于招标控制价的扉页（表 2-6）。

招标控制价扉页 **表 2-6**

______________工程 招标控制价 招标控制价(小写)：______________ (大写)：______________ 招标人：__________（单位盖章）　造价咨询人：__________（单位资质专用章） 法定代表人或其授权人：__________（签字或盖章）　法定代表人或其授权人：__________（签字或盖章） 编制人：__________（造价人员签字盖专用章）　复核人：__________（造价工程师专用章） 编制时间：　年　月　日　复核时间：　年　月　日

（3）用于投标报价的封面（表 2-7）。

投标报价封面　　　　**表 2-7**

____________________工程

投标报价

招标人：____________________

（单位盖章）

年　　月　　日

（4）用于投标报价的扉页（表 2-8）。

投标报价扉页　　　　**表 2-8**

____________________工程

投标总价

招标人：____________________

工程名称：____________________

投标总价(小写)：____________________

(大写)：____________________

投标人：____________________

（单位盖章）

法定代表人或其授权人：____________________

（签字或盖章）

编制人：____________________

（造价人员签字盖专用章）

编制时间：　年　　月　　日

（5）编制总说明（表 2-9）。

总说明 **表 2-9**

1)工程概况：   2)编制依据：   3)其他问题：

（6）建设项目总价汇总表（表 2-10）。

建设项目招标控制价/投标报价汇总表 **表 2-10**

工程名称： 第 页、共 页

序号	单项工程名称	金额(元)	其中:(元)			
			暂估价	安全文明施工费	规费	税金
	合计					

（7）单项工程费用汇总表（表2-11）。

单项工程招标控制价/投标报价汇总表　　表2-11

工程名称：　　第　页、共　页

序号	单项工程名称	金额(元)	其中:(元)			
			暂估价	安全文明施工费	规费	税金
	合计					

（8）单位工程费用汇总表（表2-12）。

单位工程招标控制价/投标报价汇总表　　表2-12

工程名称：　　第　页、共　页

序号	汇总内容	金额(元)	其中:暂估价(元)
1	分部分项工程费		
1.1	人工费		
1.2	材料费		
1.3	设备费		
1.4	机械费		
1.5	管理费和利润		
2	措施项目费		
2.1	单价措施项目费		
2.1.1	人工费		
2.1.2	材料费		
2.1.3	机械费		

续表

序号	汇总内容	金额(元)	其中:暂估价(元)
2.1.4	管理费和利润		
2.2	总价措施项目费		
2.2.1	安全文明施工费		
2.2.2	其他总价措施项目费		
3	其他项目费		
3.1	暂列金额		
3.2	专业工程暂估价		
3.3	计日工		
3.4	总承包服务费		
3.5	其他		
4	规费		
5	税金		
招标控制价/投标报价合计=1+2+3+4+5			

（9）分部分项工程/单价措施项目清单与计价表（表2-13）。

分部分项工程/单价措施项目清单与计价表　　表2-13

工程名称：　　第　页、共　页

序号	项目编码	项目名称	项目特征描述	计量单位	工程量	金额(元)				
						综合单价	合价	其中		
								人工费	机械费	暂估价
本页小计										
合计										

（10）综合单价分析表（表2-14）。

综合单价分析表 **表 2-14**

工程名称：　　　　　　　　　　　　　　　　　　　　　　　　　第　页、共　页

<table>
<tr><th rowspan="3">序号</th><th rowspan="3">项目编码</th><th rowspan="3">项目名称</th><th rowspan="3">计量单位</th><th rowspan="3">工程量</th><th colspan="12">清单综合单价组成明细</th></tr>
<tr><th rowspan="2">定额编号</th><th rowspan="2">定额名称</th><th rowspan="2">定额单位</th><th rowspan="2">数量</th><th colspan="3">单价(元)</th><th colspan="4">合价(元)</th><th rowspan="2">综合单价</th></tr>
<tr><th>人工费</th><th>材料费</th><th>机械费</th><th>人工费</th><th>材料费</th><th>机械费</th><th>管理费和利润</th></tr>
<tr><td rowspan="5"></td><td rowspan="5"></td><td rowspan="5"></td><td rowspan="5"></td><td rowspan="5"></td><td></td><td></td><td></td><td></td><td></td><td></td><td></td><td></td><td></td><td></td><td></td><td rowspan="5"></td></tr>
<tr><td></td><td></td><td></td><td></td><td></td><td></td><td></td><td></td><td></td><td></td><td></td></tr>
<tr><td></td><td></td><td></td><td></td><td></td><td></td><td></td><td></td><td></td><td></td><td></td></tr>
<tr><td></td><td></td><td></td><td></td><td></td><td></td><td></td><td></td><td></td><td></td><td></td></tr>
<tr><td colspan="7">小计</td><td></td><td></td><td></td><td></td></tr>
<tr><td rowspan="5"></td><td rowspan="5"></td><td rowspan="5"></td><td rowspan="5"></td><td rowspan="5"></td><td></td><td></td><td></td><td></td><td></td><td></td><td></td><td></td><td></td><td></td><td></td><td rowspan="5"></td></tr>
<tr><td></td><td></td><td></td><td></td><td></td><td></td><td></td><td></td><td></td><td></td><td></td></tr>
<tr><td></td><td></td><td></td><td></td><td></td><td></td><td></td><td></td><td></td><td></td><td></td></tr>
<tr><td></td><td></td><td></td><td></td><td></td><td></td><td></td><td></td><td></td><td></td><td></td></tr>
<tr><td colspan="7">小计</td><td></td><td></td><td></td><td></td></tr>
</table>

（11）综合单价材料明细表（表 2-15）。

综合单价材料明细表 **表 2-15**

工程名称：　　　　　　　　　　　　　　　　　　　　　　　　　第　页、共　页

<table>
<tr><th rowspan="2">序号</th><th rowspan="2">项目编码</th><th rowspan="2">项目名称</th><th rowspan="2">计量单位</th><th rowspan="2">工程量</th><th colspan="7">材料组成明细</th></tr>
<tr><th>主要材料名称、规格、型号</th><th>单位</th><th>数量</th><th>单价（元）</th><th>合价（元）</th><th>暂估材料单价（元）</th><th>暂估材料合价（元）</th></tr>
<tr><td rowspan="6"></td><td rowspan="6"></td><td rowspan="6"></td><td rowspan="6"></td><td rowspan="6"></td><td></td><td></td><td></td><td></td><td></td><td></td><td></td></tr>
<tr><td></td><td></td><td></td><td></td><td></td><td></td><td></td></tr>
<tr><td></td><td></td><td></td><td></td><td></td><td></td><td></td></tr>
<tr><td></td><td></td><td></td><td></td><td></td><td></td><td></td></tr>
<tr><td colspan="3">其他材料费</td><td></td><td></td><td></td><td></td></tr>
<tr><td colspan="3">材料费小计</td><td></td><td></td><td></td><td></td></tr>
<tr><td rowspan="6"></td><td rowspan="6"></td><td rowspan="6"></td><td rowspan="6"></td><td rowspan="6"></td><td></td><td></td><td></td><td></td><td></td><td></td><td></td></tr>
<tr><td></td><td></td><td></td><td></td><td></td><td></td><td></td></tr>
<tr><td></td><td></td><td></td><td></td><td></td><td></td><td></td></tr>
<tr><td></td><td></td><td></td><td></td><td></td><td></td><td></td></tr>
<tr><td colspan="3">其他材料费</td><td></td><td></td><td></td><td></td></tr>
<tr><td colspan="3">材料费小计</td><td></td><td></td><td></td><td></td></tr>
</table>

注：招标文件提供了暂估单价的材料，按暂估的单价填入表内“暂估单价”栏和“暂估合价”栏。

（12）总价措施项目清单与计价表（表 2-16）。

总价措施项目清单与计价表 **表 2-16**

工程名称： 第　页、共　页

序号	项目编码	项目名称	计算基础	费率（%）	金额（元）	调整费率（%）	调整后金额（元）	备注
小计								

注：按施工方案计算的措施费，若无"计算基础"和"费率"的数值，也可只填"金额"数值，但应在备注栏说明施工方案出处或计算方法。

（13）其他项目清单与计价汇总表（表 2-17）。

其他项目清单与计价汇总表 **表 2-17**

工程名称： 第　页、共　页

序号	项目名称	金额（元）	结算金额（元）	备注
1	暂列金额			详见明细表
2	暂估价			
2.1	材料（工程设备）暂估价/结算价	—	—	详见明细表
2.2	专业工程暂估价/结算价			详见明细表
3	计日工			详见明细表
4	总承包服务费			详见明细表
5	其他			
5.1	人工费调差			
5.2	机械费调差			
5.3	风险费			
5.4	索赔与现场签证			详见明细表
合计				

注：1. 材料（工程设备）暂估单价进入清单项目综合单价，此处不汇总。
2. 人工费调差、机械费调差和风险费应在备注栏说明计算方法。

（14）暂列金额明细表（表2-18）。

暂列金额明细表 **表2-18**

工程名称： 第 页、共 页

序号	项目名称	计量单位	暂定金额(元)	备注
	合计			

注：此表由招标人填写，如不能详列，也可只列暂定金额总额，投标人应将上述暂列金额计入投标总价中。

（15）材料暂估价表（表2-19）。

材料（工程设备）暂估单价及调整表 **表2-19**

工程名称： 第 页、共 页

序号	材料(工程设备)名称、规格、型号	计量单位	数量		暂估(元)		确认(元)		差额±(元)		备注
			暂估	确认	单价	合价	单价	合价	单价	合价	
	合计										

注：此表由招标人填写“暂估单价”，并在备注栏内说明暂估价的材料、工程设备拟用在哪些清单项目上，投标人应将上述材料、工程设备“暂估单价”计入工程量清单综合单价报价中。

（16）专业工程暂估价表（表 2-20）。

专业工程暂估价及结算价表 **表 2-20**

工程名称： 第 页、共 页

序号	工程名称	工程内容	暂估金额(元)	结算金额(元)	差额±(元)	备注
合计						

注：此表“暂估金额”由招标人填写，投标人应将“暂估金额”计入投标总价中。结算时按合同约定结算金额填写。

（17）计日工表（表 2-21）。

计日工表 **表 2-21**

工程名称： 第 页、共 页

序号	项目名称	单位	暂定数量	实际数量	综合单价(元)	合价(元)	
						暂定	实际
一	人工						
人工小计							
二	材料						
材料小计							
三	施工机械						
施工机械小计							
四、管理费和利润							
总计							

注：此表项目名称、暂定数量由招标人填写，编制招标控制价时，单价由招标人在招标文件中确定；投标时，单价由投标人自主报价，按暂定数量计算合价计入投标总价中。结算时，按发承包双方确认的实际数量计算合价。

(18) 总承包服务费计价表（表2-22）。

总承包服务费计价表 **表2-22**

工程名称： 第 页、共 页

序号	项目名称	项目价值(元)	服务内容	计算基础	费率(%)	金额(元)
1	发包人发包专业工程					
2	发包人提供材料					
合计						

(19) 发包人提供材料和工程设备一览表（表2-23）。

发包人提供材料和工程设备一览表 **表2-23**

工程名称： 第 页、共 页

序号	材料(工程设备)名称、规格、型号	计量单位	数量	单价(元)	交货方式	送达地点	备注

注：此表由招标人填写，供投标人在投标报价、确定总承包服务费时参考。

（20）规费、税金项目计价表（表 2-24）。

规费、税金项目计价表 **表 2-24**

工程名称： 第 页、共 页

序号	项目名称	计算基础	计算费率(%)	金额(元)
1	规费			
1.1	社会保障费、住房公积金、残疾人保证金			
1.2	危险作业意外伤害险			
1.3	工程排污费			
2	税金			
合计				

2.2.7 各专业工程量计算规范

各专业的《工程量计算规范》内容包括：总则、术语、工程计量、工程量清单编制、附录。

附录部分主要以表格表现（表 2-25），它是清单项目划分的标准、是清单工程量计算的依据、是编制工程量清单时统一项目编码、项目名称、项目特征描述要求、计量单位、工程量计算规则、工程内容的依据。

预制混凝土柱（编号：010509） **表 2-25**

<table>
<tr><th>项目编码</th><th>项目名称</th><th>项目特征</th><th>计量单位</th><th>工程量计算规则</th><th>工作内容</th></tr>
<tr><td>010509001</td><td>矩形柱</td><td rowspan="2">1. 图代号
2. 单件体积
3. 安装高度
4. 混凝土强度等级
5. 砂浆（细石混凝土）强度等级、配合比</td><td rowspan="2">1. m³
2. 根</td><td rowspan="2">1. 以“m³”计量，按设计图示尺寸以体积计算。
2. 以“根”计量，按设计图示尺寸以数量计算</td><td rowspan="2">1. 模板制作、安装、拆除、堆放、运输及清理板内杂物、刷隔离剂等；
2. 混凝土制作、运输、浇筑、振捣、养护；
3. 构件运输、安装；
4. 砂浆制作、运输；
5. 接头灌缝、养护</td></tr>
<tr><td>010509002</td><td>异形柱</td></tr>
</table>

注：以“根”计量，必须描述单件体积。

2.3 工程计价原理

2.3.1 建设项目的分解

任何一项建设工程，就其投资构成或物质形态而言，是由众多部分组成的复

杂而又有机结合的总体，相互存在许多外部和内在的联系。要对一项建设工程的投资耗费计量与计价，就必须对建设项目进行科学合理的分解，使之划分为若干简单、便于计算的部分或单元。另外，建设项目根据其产品生产的工艺流程和建筑物、构筑物不同的使用功能，按照设计规范要求也必须对建设项目进行必要而科学的分解，使设计符合工艺流程及使用功能的客观要求。

根据我国现行有关规定，一个建设项目一般可以向下一层次分解为单项工程、单位工程、分部工程、分项工程等项目。

1. 建设项目

建设项目是指在一个总体设计或初步设计的范围内，由一个或若干个单项工程所组成的，经济上实行统一核算，行政上有独立机构或组织形式，实行统一管理的基本建设单位。一般以一个行政上独立的企事业单位作为一个建设项目，如一家工厂，一所学校等。

2. 单项工程

单项工程是指具有单独的设计文件，建成后能够独立发挥生产能力和使用功能的工程。单项工程又称为工程项目，它是建设项目的组成部分。

工业建设项目的单项工程，一般是指能够生产出设计所规定的主要产品的车间或生产线以及其他辅助或附属工程，如某机械厂的一个铸造车间或装配车间等。

民用建设项目的单项工程，一般是指能够独立发挥设计规定的使用功能的各项独立工程，如大学内的一栋教学楼或实验楼、图书馆等。

3. 单位工程

单位工程是指具有单独的设计文件，独立的施工条件，但建成后不能够独立发挥生产能力和使用功能的工程。单位工程是单项工程的组成部分，如建筑工程中的一般土建工程、装饰装修工程、给水排水工程、电气照明工程、弱电工程、采暖通风空调工程、煤气管道工程、园林绿化工程等均可以单独作为单位工程。

4. 分部工程

分部工程是指各单位工程的组成部分。它一般根据建筑物、构筑物的主要部位、工程结构、工种内容、材料类别或施工程序等来划分，如土建工程可划分为土石方、桩基础、砌筑、混凝土及钢筋、屋面及防水、金属结构制作及安装、构件运输及预制构件安装、脚手架、楼地面装饰、墙柱面装饰、天棚装饰、门窗、木结构、防腐保温隔热等分部工程。分部工程在《预算定额》中一般表达为“章”。

5. 分项工程

分项工程是指各分部工程的组成部分。它是工程造价计算的基本要素和工程计价最基本的计量单元，是通过较为简单的施工过程就可以生产出来的建筑产品或构配件，如砌筑分部中的砖基础、1砖墙、砖柱；混凝土及钢筋分部中的混凝土基础、梁、板、柱、钢筋制安等。在编制概预算时，各分部分项工程费用由直接在施工过程中耗费的人工费、材料费、机械台班使用费所组成。分项工程在《预算定额》中一般表达为“子目”。

下面以一所大学作为建设项目来进行项目分解，如图2-3所示。

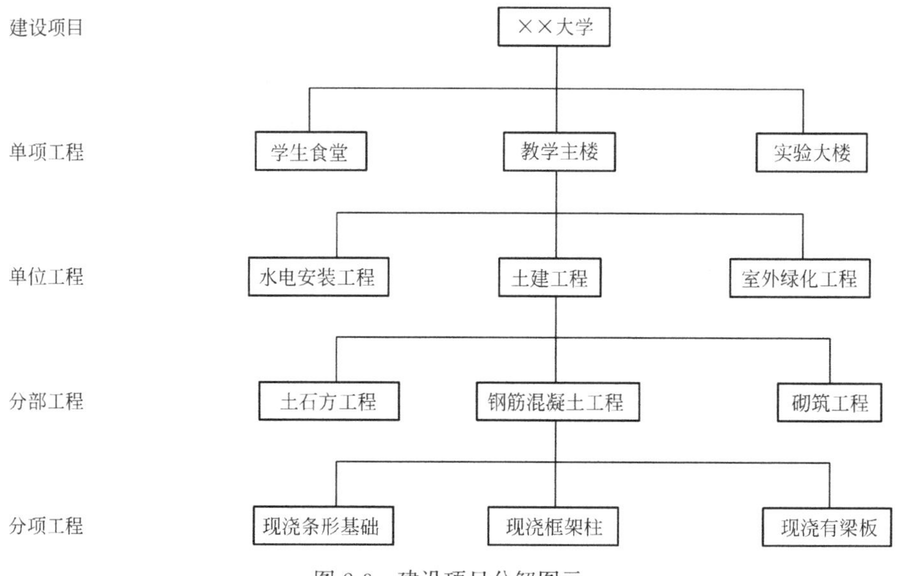

图2-3 建设项目分解图示

2.3.2 工程计价基本方法

从工程费用计算的角度分析，每一建设项目都可以分解为若干子项目，每一子项目都可以计量计价，进而在上一层次组合，最终确定工程造价。其数学表达式为

$$工程造价=\sum_{i}^{n}(子项目工程量\times工程单价) \tag{2-1}$$

式中 i——第 i 个工程子项；

n——建设项目分解得到的工程子项总数。

影响工程造价的主要因素是两个，即子项工程量和工程单价。可见，子项工程量的大小和工程单价的高低直接影响着工程造价的高与低。

确定子项工程量是一个烦琐而又复杂的过程。当设计图深度不够时，我们不可能准确计算工程量，只能用大而粗的量如建筑面积、体积等作为工程量，对工

程造价进行计算和概算；当设计图深度达到施工图要求时，我们就可以对由建设项目分解得到的若干子项目逐一计算工程量，用施工图预算的方式确定工程造价。

工程单价的不同决定了所用计价方式的不同。投资估算指标用于投资估算；概算指标用于设计概算；人、材、机单价适用于定额计价法编制施工图预算；综合单价适用于清单计价法编制施工图预算；全费用单价可在更完整的层面上进行施工图预算和设计概算。

工程单价由消耗量和人、材、机的具体单价决定。消耗量是在长期的生产实践中形成的生产一定计量单位的建筑产品所需消耗人工、材料、施工机械的数量标准，一般体现在《预算定额》或《概算定额》中，因而《预算定额》或《概算定额》是工程计价的基础，无论定额计价和清单计价都离不开定额。人、材、机的具体单价由市场供求关系决定，服从价值规律。在市场经济条件下，工程造价的定价原则是“企业自主报价、竞争形成价格”，因此工程单价的确定原则应是“价变量不变”，即人、材、机的具体单价是绝对要变的，而定额消耗量是相对不变的。

计价中的项目划分是十分重要的环节。《工程量计算规范》是清单项目划分的标准，《预（概）算定额》是计价项目划分的标准，而清单项目划分注重工程实体，定额项目划分注重施工过程，一个工程实体往往由若干个施工过程来完成，所以一个清单分项往往要包含多个定额子项。

2.3.3　工程计价步骤

工程计价基本步骤可概括为：①读图→②列项→③算量→④套价→⑤计费，适合于工程计价的每一过程，其中的每一步骤所涉及内容的不同，就会对应不同的计价方法。

1. 读图

读图是工程计价的基本工作，只有看懂和熟悉设计图后，才能对工程内容、结构特征、技术要求有清晰的概念，才能在计价时做到项目全、计量准、速度快。因此，在计价之前，应留一定时间，专门用来读图，阅读重点是：

（1）对照图纸目录，检查图纸是否齐全。

（2）采用的标准图集是否已经具备。

（3）设计说明或附注要仔细阅读，因为有些分张图纸中不再表示的项目或设计要求，往往在说明或附注中可以找到，稍不注意，容易漏项。

（4）设计上有无特殊的施工质量要求，事先列出需要另编补充定额的项目。

（5）平面坐标和竖向布置标高的控制点。

（6）本工程与总图的关系。

2. 列项

列项就是列出需要计量计价的分部分项工程项目。其要点是：

(1) 工程量清单列项，要依据《工程量计算规范》列出清单分项，才可对每一清单分项计算清单工程量，按规定格式（包含项目编码、项目名称、项目特征、计量单位、工程数量）编制成“招标工程量清单”文件。

(2) 综合单价的组价列项，要依据《工程量计算规范》每一分项的特征要求和工作内容，从《预算定额》中找出与施工过程匹配的定额项目，对每一定额项目计量计价，才能产生每一清单分项的综合单价。

(3) 定额计价列项，要依据《预算定额》列出定额分项，才可对每一定额分项计算定额工程量并套价。

3. 算量

算量就是对工程量的计量。清单工程量必须依据《工程量计算规范》规定的计算规则进行正确计算，定额工程量必须依据《预算定额》规定的计算规则进行正确计算。计价的基础是定额工程量，施工费用因定额工程量而产生，不同的施工方式会使定额工程量有差异。清单工程量是唯一的，由业主方在“招标工程量清单”中提供，它反映分项工程的实物量，是工程发包和工程结算的基础。施工费用除以清单工程量可得出每一清单分项的综合单价。

4. 套价

套价就是套用工程单价。在市场经济条件下，按照“价变量不变”的原则，基于《预算定额》的消耗量，采用人、材、机的市场价格，一切工程单价都是可以重组的。定额计价法套用人、材、机单价可计算出直接工程费（即人工费、材料费和机械费之和）；清单计价法套用综合单价可计算出分部分项工程费或单价措施费。

5. 计费

计费就是计算除分部分项工程费（或单价措施费）以外的其他费用。定额计价法在直接工程费以外还要计算措施项目费、其他项目费、管理费、利润、规费及税金；清单计价法在分部分项工程费和单价措施费以外还要计算总价措施项目费、其他项目费、规费及税金，这些费用的总和就是单位工程总造价。

2.4 清单计价方法

2.4.1 概述

1. 清单计价的含义

工程量清单计价是指在建设工程招标投标中，招标人按照工程量计算规范列

项、算量并编制“招标工程量清单”，由投标人依据“招标工程量清单”自主报价的一种计价方式。

清单计价与定额计价并无本质上的不同，其计价方式是指根据招标文件提供的招标工程量清单，依据《企业定额》或建设主管部门发布的《消耗量定额》，结合施工现场拟定的施工方案，参照建设主管部门发布的人工工日单价、机械台班单价、材料和设备价格信息或者同期市场价格，计算出对应于招标工程量清单每一分项工程的综合单价，进而计算分部分项工程费，措施项目费以及其他项目费、规费、税金，最后汇总后确定建筑安装工程造价。

2. 工程量清单计价的费用组成

工程量清单计价的费用组成如表 2-26 所示。

工程量清单计价的费用组成表　　表 2-26

费用项目		费用组成内容
分部分项工程费	直接工程费	定额人工费、材料费、定额机械费
	管理费	管理人员工资、办公费、差旅交通费、固定资产使用费、工具用具使用费、劳动保险和职工福利费、劳动保护费、检验试验费、工会经费、职工教育经费、财产保险费、财务费、税金、其他
	利润	施工企业完成所承包工程获得的盈利
措施项目费	人工费	1. 单价措施费：脚手架费、混凝土模板及支架费、垂直运输费、超高施工增加费、大型机械设备进出场及安拆费、施工排水降水费。 2. 总价措施费：安全文明施工费（含环境保护费，文明施工费，安全施工费，临时设施费）、夜间施工增加费、二次搬运费、已完工程及设备保护费、特殊地区施工增加费、其他措施费（含冬雨季施工增加费，生产工具用具使用费，工程定位复测、工程点交、场地清理费）
	材料费	
	机械费	
	管理费	
	利润	
其他项目费		暂列金额、暂估价、计日工、总包服务费、其他（含人工费调差，机械费调差，风险费，停工、窝工损失费，承发包双方协商认定的有关费用）
规 费		社会保障费（含养老保险费，失业保险费，医疗保险费，生育保险费，工伤保险费）、住房公积金、残疾人保障金、危险作业意外伤害保险、工程排污费
税 金		增值税（或营业税）、城市建设维护税、教育费附加、地方教育附加

3. 编制依据

（1）国家标准《建设工程工程量清单计价规范》和相应专业工程的《工程量计算规范》；

（2）国家或省级、行业建设主管部门编制的《消耗量定额》和《计价规则》；

（3）设计文件及相关资料；

（4）招标文件及招标工程量清单；

（5）与建设项目有关的标准、规范、技术资料；

（6）施工现场情况、工程特点及常规施工方案；

（7）当地的工程造价信息或市场价格；

（8）其他相关资料。

4. 编制步骤

1）准备阶段

（1）熟悉施工图纸和招标文件；

（2）参加图纸会审、踏勘施工现场；

（3）熟悉施工组织设计或施工方案；

（4）确定计价依据。

2）编制试算阶段

（1）针对招标工程量清单，依据《企业定额》或《消耗量定额》《计价规则》、价格信息，计算招标工程量清单的综合单价，从而计算出分部分项工程费；

（2）依据《计价规则》，计算措施项目费、其他项目费、规费及税金；

（3）计算单位工程造价，汇总计算单项工程造价、工程项目总价；

（4）做主要材料分析。

3）复算收尾阶段

（1）复核；

（2）装订成册，签名盖章。

5. 工程量清单计价文件组成

（1）封面及投标总价；

（2）总说明；

（3）工程项目汇总表；

（4）单项工程汇总表；

（5）单位工程费用汇总表；

（6）分部分项工程/单价措施项目清单与计价表；

（7）综合单价分析表；

（8）综合单价材料明细表；

（9）总价措施项目清单与计价表；

（10）其他项目清单与计价汇总表；

（11）暂列金额明细表；

（12）材料（工程设备）暂估单价及调整表；

（13）专业工程暂估价表及结算价表；

（14）计日工表；

（15）总承包服务费计价表；

（16）发包人提供材料和工程设备一览表；

（17）规费、税金项目计价表。

相关表格样式见2.2.6节。

2.4.2 各项费用计算

1. 分部分项工程费计算

分部分项工程费计算公式为

$$分部分项工程费=\sum（分部分项工程清单工程量\times 综合单价） \quad (2\text{-}2)$$

式中，分部分项工程清单工程量应根据《工程量计算规范》中的“工程量计算规则”和施工图、各类标配图计算（具体计算详见以后各章）。

综合单价，是指完成一个规定清单项目所需的人工费、材料和工程设备费、机械使用费和管理费、利润的单价总和。综合单价计算公式为

$$综合单价=\frac{清单项目费用（含人/材/机/管/利）}{清单工程量} \quad (2\text{-}3)$$

1）人工费、材料费、机械使用费的计算。具体如表2-27所示。

人工费、材料费、机械使用费的计算　　表2-27

费用名称	计算方法
人工费	分部分项工程量×人工消耗量×人工工日单价 或：分部分项工程量×定额人工费
材料费	分部分项工程量×Σ(材料消耗量×材料单价)
机械使用费	分部分项工程量×Σ(机械台班消耗量×机械台班单价)

注：表中的分部分项工程量是指按定额计算规则计算出的“定额工程量”。

2）管理费的计算：

（1）管理费的计算表达式为

$$管理费=（定额人工费+定额机械费\times 8\%）\times 管理费费率 \quad (2\text{-}4)$$

定额人工费是指在《消耗量定额》中规定的人工费，是以人工消耗量乘以当地某一时期的人工工资单价得到的计价人工费，它是管理费、利润、社保费及住房公积金的计费基础。当出现人工工资单价调整时，价差部分可进入其他项目费。

定额机械费也是指在《消耗量定额》中规定的机械费，是以机械台班消耗量乘以当地某一时期的人工工资单价、燃料动力单价得到的计价机械费，它是管理费、利润的计费基础。当出现机械中的人工工资单价、燃料动力单价调整时，价差部分可进入其他项目费。

（2）管理费费率如表 2-28 所示。

管理费费率表 **表 2-28**

专业	房屋建筑与装饰工程	通用安装工程	市政工程	园林绿化工程	房屋修缮及仿古建筑工程	城市轨道交通工程	独立土石方工程
费率(%)	33	30	28	28	23	28	25

3）利润的计算：

（1）利润的计算表达式：

利润＝（定额人工费＋定额机械费×8%）×利润率 （2-5）

（2）利润率如表 2-29 所示。

利润率表 **表 2-29**

专业	房屋建筑与装饰工程	通用安装工程	市政工程	园林绿化工程	房屋修缮及仿古建筑工程	城市轨道交通工程	独立土石方工程
费率(%)	20	20	15	15	15	18	15

2. 措施项目费计算

2013 版《建设工程工程量清单计价规范》将措施项目划分为两类。

（1）总价措施项目。是指不能计算工程量的项目，如安全文明施工费，夜间施工增加费，其他措施费等，应当按照施工方案或施工组织设计，参照有关规定以"项"为单位进行综合计价，计算方法如表 2-30 所示。

总价措施项目费计算参考费率表 **表 2-30**

项目名称或适用条件		计算方法
房屋建筑与装饰工程	环境保护费、安全施工费、文明施工费三项	分部分项工程费中(定额人工费＋定额机械费×8%)×10.17%
	临时设施费	分部分项工程费中(定额人工费＋定额机械费×8%)×5.48%
	安全文明施工费合计	分部分项工程费中(定额人工费＋定额机械费×8%)×15.65%
独立土石方工程	环境保护费、安全施工费、文明施工费三项	分部分项工程费中(定额人工费＋定额机械费×8%)×1.6%
	临时设施费	分部分项工程费中(定额人工费＋定额机械费×8%)×0.4%
	安全文明施工费合计	分部分项工程费中(定额人工费＋定额机械费×8%)×2.0%
其他措施	冬、雨季施工增加费，生产工具用具使用费，工程定位复测、工程点交、场地清理费	分部分项工程费中(定额人工费＋定额机械费×8%)×5.95%

续表

项目名称或适用条件		计算方法
特殊地区施工增加费	海拔2500～3000m(含)地区	(定额人工费＋定额机械费×8%)×8%
	3000～3500m(含)地区	(定额人工费＋定额机械费×8%)×15%
	海拔＞3500m地区	(定额人工费＋定额机械费×8%)×20%

（2）单价措施项目。是指可以计算工程量的项目，如混凝土模板、脚手架、垂直运输、超高施工增加、大型机械设备进退场和安拆、施工排降水等，可按计算综合单价的方法计算，计算公式为

$$单价措施项目费=\sum（单价措施项目清单工程量×综合单价） \tag{2-6}$$

$$综合单价=\frac{清单项目费用（含人/材/机/管/利）}{清单工程量} \tag{2-7}$$

其中：

$$人工费=措施项目定额工程量×定额人工费 \tag{2-8}$$

$$材料费=措施项目定额工程量×\sum（材料消耗量×材料单价） \tag{2-9}$$

$$机械费=措施项目定额工程量×\sum（机械台班消耗量×机械台班单价） \tag{2-10}$$

$$管理费=（定额人工费+定额机械费×8\%）×管理费费率 \tag{2-11}$$

$$利润=（定额人工费+定额机械费×8\%）×利润率 \tag{2-12}$$

管理费费率如表2-28所示，利润率如表2-29所示。其中大型机械设备进退场和安拆费不计算管理费、利润。

3. 其他项目费计算

1）暂列金额可由招标人按工程造价的一定比例估算，投标人按招标工程量清单中所列的金额计入报价中。工程实施中，暂列金额由发包人掌握使用，余额归发包人所有，差额由发包人支付。

2）暂估价中的材料、工程设备暂估单价应按招标工程量清单中列出的单价计入综合单价；暂估价中的专业工程暂估价应按招标工程量清单中列出的金额直接计入投标报价的其他项目费中。

3）计日工应按招标工程量清单中列出的项目根据工程特点和有关计价依据确定综合单价，其管理费和利润按其专业工程费率计算。

4）总承包服务费应根据合同约定的总承包服务内容和范围，参照下列标准计算：

（1）发包人仅要求对其分包的专业工程进行总承包现场管理和协调时，按分包的专业工程造价的1.5%计算。

（2）发包人要求对其分包的专业工程进行总承包管理和协调并同时要求提

供配合服务时，根据配合服务的内容和提出的要求，按分包的专业工程造价的3%～5%计算。

(3) 发包人供应材料（设备除外）时，按供应材料价值的1%计算。

5) 其他：

(1) 人工费调差按当地省级建设主管部门发布的人工费调差文件计算。

(2) 机械费调差按当地省级建设主管部门发布的机械费调差文件计算。

(3) 风险费依据招标文件计算。

(4) 因设计变更或由于建设单位的责任造成的停工、窝工损失，可参照下列办法计算费用：

① 现场施工机械停滞费按定额机械台班单价的40%计算，施工机械停滞费不再计算除税金以外的费用。

② 生产工人停工、窝工工资按38元/工日计算，管理费按停工、窝工工资总额的20%计算，停工、窝工工资不再计算除税金以外的费用。

(5) 承、发包双方协商认定的有关费用按实际发生计算。

4. 规费计算

(1) 社会保障费、住房公积金及残疾人保证金。计算公式为

$$社会保障费、住房公积金及残疾人保证金=定额人工费总和\times 26\% \quad (2\text{-}13)$$

式中，定额人工费总和是指分部分项工程定额人工费、单价措施项目定额人工费与其他项目定额人工费的总和。

(2) 危险作业意外伤害险。计算公式为

$$危险作业意外伤害险=定额人工费\times 1\% \quad (2\text{-}14)$$

未参加建筑职工意外伤害保险的施工企业不得计算此项费用。

(3) 工程排污费：按工程所在地有关部门的规定计算。

5. 税金计算

以营业税为主的税金计算公式为

$$税金=（分部分项工程费+措施项目费+其他项目费+规费-按规定不计税的工程设备费）\times 综合税率 \quad (2\text{-}15)$$

综合税率取定如表2-31所示。

综合税率取定表 **表2-31**

工程所在地	综合税率(%)
市区	3.48
县城、镇	3.41
不在市区、县城、镇	3.28

2.4.3　计算实例

【例2-4】 某工程招标工程量清单如表2-32所示，试根据当地建设主管部门发布的《消耗量定额》和《计价规则》，以及当地的人工、材料、机械单价，编制“实心砖墙”和“带形基础”两个清单分项的综合单价，并计算分部分项工程费。

分部分项工程量清单表　　表2-32

序号	项目编码	项目名称	项目特征	计量单位	工程数量
1	010401003001	实心砖墙	1.砖品种、规格、强度等级：标准黏土砖、MU100 2.墙体类型：一砖厚混水砖墙 3.砂浆强度等级、配合比：M5混合砂浆	m^3	100
2	010501002001	带形基础	1.混凝土种类：现浇混凝土 2.混凝土强度等级：C20 3.垫层种类、厚度：C10混凝土，100mm厚	m^3	100

注：表中工程量仅为分项工程实体的清单工程量。由于两个项目的清单规则与定额规则相同，所以$100m^3$既是清单量也是定额量。基础垫层的定额工程量假设计算为$10m^3$。

【解】　(1) 选择计价依据

查某地的《建筑工程消耗量定额》相关子目，定额消耗量及单位估价表如表2-33所示。

相关子目定额消耗量及单位估价表　　表2-33

计量单位为10 m^3

定额编号				01040009	01050003	01050001
项目				1砖混水砖墙	钢筋混凝土带形基础	混凝土基础垫层
基价(元)				952.82	913.26	992.15
其中	人工费(元)			912.21	693.74	782.53
	材料费(元)			5.94	47.80	29.54
	机械费(元)			34.67	171.72	180.08
		单位	单价/元	数量		
人工	综合人工	工日	63.88	14.280	10.860	12.250

续表

		单位	单价/元	数量		
材料	混合砂浆 M5.0	m^3	—	(2.396)	—	—
	标准砖	千块	—	(5.300)	—	—
	水	m^3	5.6	1.060	8.260	5.000
	C10 现浇混凝土	m^3	—	—	—	(10.150)
	草席	m^2	1.40	—	1.100	1.100
	C20 现浇混凝土	m^3	248.80	—	(10.150)	—
机械	灰浆搅拌机 200L	台班	86.90	0.399	—	—
	强制式混凝土搅拌机 500L	台班	192.49	—	0.327	0.859
	混凝土振捣器(平板式)	台班	18.65	—	—	0.790
	混凝土振捣器(插入式)	台班	15.47	—	0.770	—
	机动翻斗车(装载质量 1t)	台班	150.17	—	0.645	—

注：表中消耗量带有“（）”的为未计价材，套价时须根据当地的材料价格信息进行组价。

(2) 选择费率

查表 2-28 和表 2-29，房屋建筑及装饰工程的管理费费率取 33%，利润率取 20%。

(3) 综合单价计算

通过询价得知当地未计价材价格为：M5.0 混合砂浆 248 元/m^3，标准砖 325 元/千块，C10 现浇混凝土 225 元/m^3，C20 现浇混凝土 275 元/m^3。

则材料费单价计算为：

01040009 的材料费单价：$5.94+2.396\times248+5.300\times325=2322.65$（元/$10m^3$）

01050003 的材料费单价：$47.80+10.15\times275=2839.05$（元/$10m^3$）

01050001 的材料费单价：$29.54+10.15\times225=2313.29$（元/$10m^3$）

综合单价计算在表 2-34 中完成。其中综合单价组成明细中的数量是相对量，计算表达式为：

$$数量=定额工程量/定额单位扩大倍数/清单工程量 \quad (2\text{-}16)$$

(4) 分部分项工程费计算

具体计算如表 2-35 所示。

分部分项工程量清单综合单价分析表

表 2-34

工程名称：　　　　　　　　　　　　　　　　　　　　　　第　页　共　页

序号	项目编码	项目名称	计量单位	工程量	清单综合单价组成明细												综合单价
					定额编号	定额名称	定额单位	数量	单价(元)			合价(元)					
									人工费	材料费	机械费	人工费	材料费	机械费	管理费和利润		
1	010401003001	实心砖墙	m^3	100	01040009	1砖混水砖墙	$10m^3$	0.1000	912.21	2322.65	34.67	91.22	232.27	3.47	48.49		375.45
					小计							91.22	232.27	3.47	48.49		
2	010501002001	带形基础	m^3	100	01050003	带形基础	$10m^3$	0.1000	693.74	2839.05	171.72	69.37	283.91	17.17	37.50		444.93
					01050001	基础垫层	$10m^3$	0.0100	782.53	2313.29	180.08	7.83	23.13	1.80	4.22		
					小计							77.20	307.04	18.97	41.72		

注：1. 一砖混水砖墙的相对量＝100/(10×100)＝0.100。

2. 一砖混水砖墙的管理费和利润＝（91.22＋3.47×8%）×（33%＋20%）＝48.49元/m^3。

3. 钢筋混凝土带形基础的相对量＝100/(10×100)＝0.100。

4. 钢筋混凝土带形基础的管理费和利润＝（69.37＋17.17×8%）×（33%＋20%）＝37.50元/m^3。

5. 基础垫层的相对量＝100/(10×100)＝0.010。

6. 基础垫层的管理费和利润＝（7.83＋1.80×8%）×（33%＋20%）＝4.22元/m^3。

分部分项工程量清单计价表　　表 2-35

序号	项目编码	项目名称	计量单位	工程量	金额(元)				
					综合单价	合价	其中		
							人工费	机械费	暂估价
1	010401003001	实心砖墙	m^3	100	375.45	37545.00	9122.00	347.00	
2	010501002001	带形基础	m^3	100	444.93	44493.00	7720.00	1897.00	
合计						82038.00	16842.00	2244.00	

【例 2-5】 某市区新建一幢 8 层装配式框架结构的住宅楼，建筑面积为 5660m^2。该工程根据招标文件及分部分项工程量清单、当地的《消耗量定额》《计价规则》，人工、材料、机械台班的单价计算出以下数据：分部分项工程费 4218232 元，其中，人工费 710400 元，材料费 2692400 元，机械费 280400 元，管理费 326964 元，利润 208068 元，单价措施项目费 220000 元（其中人工费 45000 元）；招标文件载明暂列金额应计 100000 元；专业工程暂估价 30000 元；总价措施项目费应计安全文明施工费、其他措施费；工程排污费计 10000 元。试根据上述条件计算该住宅楼房屋建筑工程的招标控制价。

【解】 该住宅楼的招标控制价计算过程如表 2-36、表 2-37 所示。

单位工程费汇总表　　表 2-36

序号	汇总内容	金额(元)	计算方法
1	分部分项工程费	4218232.00	题给
1.1	人工费	710400.00	题给
1.2	材料费	2692400.00	题给
1.3	设备费		
1.4	机械费	280400.00	题给
1.5	管理费和利润	535032.00	题给
2	措施项目费	378291.71	＜2.1＞＋＜2.2＞
2.1	单价措施项目费	220000.00	题给
2.1.1	人工费	45000.00	题给
2.1.2	材料费		
2.1.3	机械费		
2.1.4	管理费和利润		
2.2	总价措施项目费	158291.71	＜2.2.1＞＋＜2.2.2＞
2.2.1	安全文明施工费	114688.21	(＜1.1＞＋＜1.4＞×8％)×15.65％

续表

序号	汇总内容	金额(元)	计算方法
2.2.2	其他总价措施项目费	43603.50	(<1.1>+<1.4>×8%)×5.95%
3	其他项目费	130000.00	<3.1>+<3.2>+<3.3>+<3.4>+<3.5>
3.1	暂列金额	100000.00	题给
3.2	专业工程暂估价	30000.00	题给
3.3	计日工		
3.4	总承包服务费		
3.5	其他		
4	规费	213958.00	见规费项目计价表
5	税金	171928.76	见税金项目计价表
招标控制价/投标报价 合计=1+2+3+4+5		5112410.48	

规费、税金项目计价表 **表 2-37**

序号	项目名称	计算基础	计算费率(%)	金额(元)
1	规费			213958.00
1.1	社会保障费、住房公积金、残疾人保证金	分部分项工程定额人工费+单价措施项目定额人工费	26	196404.00
1.2	危险作业意外伤害保险	分部分项工程定额人工费+单价措施项目定额人工费	1	7554.00
1.3	工程排污费			10000.00
2	税金	分部分项工程费+措施项目费+其他项目费+规费	3.48	171928.76
合计				385886.76

表2-36、表2-37可以合并简化为一个表计算，如表2-38所示。

单位工程费汇总表 **表 2-38**

序号	汇总内容	金额(元)	计算方法
1	分部分项工程费	4218232.00	题给
1.1	人工费	710400.00	题给
1.2	机械费	280400.00	题给
2	措施项目费	378291.71	<2.1>+<2.2>
2.1	单价措施项目费	220000.00	题给

续表

序号	汇总内容	金额(元)	计算方法
2.1.1	人工费	45000.00	题给
2.2	总价措施项目费	158291.71	＜2.2.1＞+＜2.2.2＞
2.2.1	文明安全施工费	114688.21	(＜1.1＞+＜1.2＞×8%)×15.65%
2.2.2	其他总价措施项目费	43603.50	(＜1.1＞+＜1.2＞×8%)×5.95%
3	其他项目费	130000.00	＜3.1＞+＜3.2＞+＜3.3＞+＜3.4＞+＜3.5＞
3.1	暂列金额	100000.00	题给
3.2	专业工程暂估价	30000.00	题给
3.3	计日工		
3.4	总承包服务费		
3.5	其他		
4	规费	213958.00	＜4.1＞+＜4.2＞+＜4.3＞
4.1	社会保障费、住房公积金、残疾人保证金	196404.00	(＜1.1＞+＜2.1.1＞)×26%
4.2	危险作业意外伤害保险	7554.00	(＜1.1＞+＜2.1.1＞)×26%
4.3	工程排污费	10000.00	题给
5	税金	171928.76	(＜1＞+＜2＞+＜3＞+＜4＞)×3.48%
招标控制价/投标报价合计		5112410.48	＜1＞+＜2＞+＜3＞+＜4＞+＜5＞

2.4.4 营改增后税金计算

1. 增值税的含义

增值税是以商品（含应税劳务）在流转过程中产生的增值额作为计税依据而征收的一种流转税。从计税原理上说，增值税是对商品生产、流通、劳务服务中多个环节的新增价值或商品的附加值征收的一种流转税。增值税实行价外税，也就是由消费者负担，有增值才征税，没增值不征税。

2016 年 3 月 23 日，财政部、国家税务总局发布《关于全面推开营业税改征增值税试点的通知》（财税〔2016〕36 号），自 2016 年 5 月 1 日起，在全国范围内全面推开营业税改征增值税（下称“营改增”）试点，建筑业、房地产业、金融业、生活服务业等全部营业税纳税人，纳入试点范围，由缴纳营业税改为缴纳增值税。

营业税和增值税有以下几方面的不同：

（1）征税范围和税率不同。增值税是针对在我国境内销售商品和提供劳务而征收的一种价外税，一般纳税人税率为17%，小规模纳税人的征收的税率为3%。营业税是针对提供应税劳务、销售不动产、转让无形资产等征收的一种税，不同行业、不同的服务征税税率不同，之前建筑业按3%征税。

（2）计税依据不同。建筑业的营业税征收通常允许总分包差额计税，而实施营改增后就得按增值税相关规定进行缴税。增值税的本质是“应纳增值税额＝销项税额－进项税额”。在我国增值税的征收管理过程中，实行严格的“以票管税”，销项税额当开具增值税专用发票时纳税义务就已经发生。而营业税是价内税，由销售方承担税额，通常是含税销售收入直接乘以使用税率。

（3）主管税务机关不同。增值税涉税范围广、涉税金额大，国家有较为严格的增值税发票管理制度，通常会出现牵涉增值税专用发票的犯罪，因此增值税主要由国家税务机关管理。营业税属于地方税，通常由地方税务机关负责征收和清缴。

2. 营改增的意义

（1）解决了建筑业内存在的重复征税问题。增值税和营业税并存破坏了增值税进项税抵扣的链条，严重影响了增值税作用的发挥。建筑工程耗用的主要原材料，如钢材、水泥、砂石等属于增值税的征税范围，在建筑企业购进原材料时已经缴纳了增值税，但是由于建筑企业不是增值税的纳税人，因此他们购进原材料缴纳的进项税额是不能抵扣的。而在计征营业税时，企业购进建筑材料和其他工程物资又是营业税的计税基数，不但不可以减税，反而还要负担营业税，从而造成了建筑业重复征税的问题，建筑业实行营改增后此问题可以得到有效的解决。

（2）有利于建筑业进行技术改造和设备更新。从2009年我国实施消费性增值税模式，企业外购的生产用固定资产可以抵扣进项税额。在未进行营改增之前，建筑企业购进的固定资产进项税额不能抵扣，而实行营改增后建筑企业可以大大降低其税负水平，这在一定程度上有利于建筑业进行技术改造和设备更新，同时也可以减少能耗、降低污染，进而提升我国建筑企业的综合竞争能力。

（3）有助于提升专业能力。营业税在计征税额时，通常都是全额征收，很少有可以抵扣的项目，因此建筑企业更倾向于自行提供所需的服务而非由外部提供相关服务，导致了生产服务内部化，这样不利于企业优化资源配置和进行专业化细分。而在增值税体制下，外购成本的税额可以抵扣，有利于建筑企业择优选择供应商供应材料，提高了社会专业化分工的程度，在一定程度上改变了当下一些建筑企业“小而全”“大而全”的经营模式，这将极大地改善和提升建筑企业的竞争能力。

3. 增值税的计算

实行营改增并未改变前节所述工程造价的费用构成与计算程序，只是改变了计税基数以及税率。从“应纳增值税=销项税额—进项税额”这一本质意义上理解，由于营业税是全额征收，而增值税可以抵扣进项税额，营业税和增值税的计税基数不是同一概念，增值税的计税基数应当比营业税的计税基数要小许多，而税率也将完全不一样。

营改增后的税金计算，将产生以下新概念：

1）计增值税的税前工程造价。是指工程造价的各组成要素价格不含可抵扣的进项税税额的全部价款。也即计税的分部分项工程费和计税的单价措施费（其中的计价材费、未计价材费、设备费和机械费扣除相应进项税税额）以及总价措施费、其他项目费、规费之和的价款。

2）税前工程造价。是指工程造价的各组成要素价格含可抵扣的进项税税额的全部价款，也即分部分项工程费和单价措施费（其中计价材费、未计价材费、设备费和机械费不扣除相应进项税税额）以及总价措施费、其他项目费、规费之和的价款。

3）单位工程造价：

单位工程造价=税前工程造价+（增值税额+附加税费） (2-17)

4）营改增税金：

营改增税金=增值税额+附加税费=计增值税的税前工程造价×综合税率

某省《关于建筑业营业税改征增值税后调整工程造价计价依据的实施意见》中规定：

（1）除税计价材料费=定额基价中的材料费×0.912

（2）未计价材料费=除税材料原价+除税运杂费+除税运输损耗费+除税采购保管费

（3）除税机械费=机械台班量×除税机械台班单价（除税机械台班单价由建设行政主管部门发布，此价比定额机械费略低）

照此规定可以理解为，分部分项工程费和单价措施费中，可抵扣进项税税额的费用是计价材料费的91.2%，全部的未计价材料费和除税机械费。

因此，用于计增值税的税前工程造价及税金计算式为：

计增值税的税前工程造价=计税的分部分项工程费+计税的单价措施费+总价措施费+其他项目费+规费 (2-18)

计税的分部分项工程费=分部分项工程费—除税计价材料费—未计价材料费—设备费—除税机械费 (2-19)

计税的单价措施费=单价措施项目费—除税计价材料费—未计价材料费—除税机械费 (2-20)

营改增税金=计增值税的税前工程造价×综合税率 (2-21)

营改增的综合税率取值如表 2-39 所示。

营改增税金综合税率（自 2018 年 5 月 1 日后执行）　　表 2-39

工程所在地	综合税率(%)
市区	10.36
县城、镇	10.30
不在市区、县城、镇	10.18

4. 营改增后工程造价计算程序的调整

实行营改增后，工程造价计算程序如表 2-40 所示。

营改增后的工程造价计算程序　　表 2-40

代号	项目名称	计算方法
1	分部分项工程费	<1.1>+<1.2>+<1.3>+<1.4>+<1.5>+<1.6>
1.1	定额人工费	Σ分部分项定额工程量×定额人工费单价
1.2	计价材料费	Σ分部分项定额工程量×计价材料费单价
1.3	未计价材料费	Σ分部分项定额工程量×未计价材料单价×未计价材消耗量
1.4	设备费	Σ分部分项定额工程量×设备单价×设备消耗量
1.5	定额机械费	Σ分部分项定额工程量×定额机械费单价
A	除税机械费	Σ分部分项定额工程量×除税机械费单价×台班消耗量
1.6	管理费和利润	Σ(<1.1>+<1.5>×8%)×33%+20%（房建工程）
B	计税的分部分项工程费	<1>-<1.2>×0.912-<1.3>-<1.4>-<A> （分部分项工程费－除税计价材料费－未计价材料费－设备费－除税机械费）
2	措施项目费	<2.1>+<2.2>
2.1	单价措施项目费	<2.1.1>+<2.1.2>+<2.1.3>+<2.1.4>+<2.1.5>
2.1.1	定额人工费	Σ单价措施定额工程量×定额人工费单价
2.1.2	计价材料费	Σ单价措施定额工程量×计价材料费单价
2.1.3	未计价材料费	Σ单价措施定额工程量×未计价材料单价×未计价材消耗量
2.1.4	定额机械费	Σ单价措施定额工程量×定额机械费单价
C	除税机械费	Σ单价措施定额工程量×除税机械费单价×台班消耗量
2.1.5	管理费和利润	Σ(<2.1.1>+<2.1.4>×8%)×33%+20%（房建工程）
D	计税的单价措施项目费	<2.1>-<2.1.2>×0.912-<2.1.3>-<C> （单价措施项目费－除税计价材料费－未计价材料费－除税机械费）

续表

<table>
<tr><th>代号</th><th colspan="3">项目名称</th><th>计算方法</th></tr>
<tr><td>2.2</td><td colspan="3">总价措施项目费</td><td>＜2.2.1＞＋＜2.2.2＞</td></tr>
<tr><td>2.2.1</td><td colspan="3">安全文明施工费</td><td>分部分项工程费中(定额人工费＋定额机械费×8％)×15.65％</td></tr>
<tr><td>2.2.2</td><td colspan="3">其他总价措施项目费</td><td>分部分项工程费中(定额人工费＋定额机械费×8％)×5.95％</td></tr>
<tr><td>3</td><td colspan="3">其他项目费</td><td>＜3.1＞＋＜3.2＞＋＜3.3＞＋＜3.4＞＋＜3.5＞</td></tr>
<tr><td>3.1</td><td colspan="3">暂列金额</td><td>按双方约定或按题给条件计取</td></tr>
<tr><td>3.2</td><td colspan="3">暂估材料工程设备单价</td><td>按双方约定或按题给条件计取</td></tr>
<tr><td>3.3</td><td colspan="3">计日工</td><td>按双方约定或按题给条件计取</td></tr>
<tr><td>3.4</td><td colspan="3">总包服务费</td><td>按双方约定或按题给条件计取</td></tr>
<tr><td>3.5</td><td colspan="3">其他</td><td>按实际发生额计算</td></tr>
<tr><td>3.5.1</td><td colspan="3">人工费调增</td><td>(＜1.1＞＋＜2.1.1＞)×28％</td></tr>
<tr><td>4</td><td colspan="3">规费</td><td>＜4.1＞＋＜4.2＞＋＜4.3＞</td></tr>
<tr><td>4.1</td><td colspan="3">社保费住房公积金及残保金</td><td>定额人工费总和×26％</td></tr>
<tr><td>4.2</td><td colspan="3">危险作业意外伤害保险</td><td>定额人工费总和×1％</td></tr>
<tr><td>4.3</td><td colspan="3">工程排污费</td><td>按有关规定或题给条件计算</td></tr>
<tr><td rowspan="3">5</td><td rowspan="3">税金</td><td rowspan="3">工程所在地</td><td>市区</td><td>(＜B＞＋＜D＞＋＜2.2＞＋＜3＞＋＜4＞)×10.36％</td></tr>
<tr><td>县城/镇</td><td>(＜B＞＋＜D＞＋＜2.2＞＋＜3＞＋＜4＞)×10.30％</td></tr>
<tr><td>其他地方</td><td>(＜B＞＋＜D＞＋＜2.2＞＋＜3＞＋＜4＞)×10.18％</td></tr>
<tr><td>6</td><td colspan="3">单位工程造价</td><td>＜1＞＋＜2＞＋＜3＞＋＜4＞＋＜5＞</td></tr>
</table>

注：表中人工费调增为某省2018年的新规定。

5. 营改增造价计算实例

【例2-6】 某市区新建一幢8层装配式混凝土结构的住宅楼，建筑面积为3660m^2。该工程根据招标文件及分部分项工程量清单、当地的《消耗量定额》《计价规则》及人工、材料、机械台班的价格信息计算出以下数据：

(1) 分部分项工程费4133762.71元，其中：定额人工费325728.00元，计价材料费488592.00元，未计价材料费2807268.00元，定额机械费325728.00元（其中除税机械费280400.00元），管理费和利润186446.71元。

(2) 单价措施项目费228640.51元，其中：其中：人工费26924.00元，计价材料费8726.00元，未计价材料费153674.00元，定额机械费24028.00元（其中除税机械费20424.00元），管理费和利润15288.51元。

(3) 招标文件载明暂列金额应计100000元，专业工程暂估价30000元，工程排污费计10000元。

试根据上述条件计算该住宅楼房屋建筑工程的招标控制价。

【解】 该住宅楼营改增前和营改增后的招标控制价计算过程结果如表 2-41 所示。

单位工程费汇总表　　　　表 2-41

代号	项目名称	营改增前的算法	营改增后的算法
1	分部分项工程费	4133762.71	4133762.71
1.1	定额人工费	325728.00	325728.00
1.2	计价材料费	488592.00	488592.00
1.3	未计价材料费	2807268.00	2807268.00
1.4	设备费		
1.5	定额机械费	325728.00	325728.00
A	除税机械费		280400.00
1.6	管理费和利润	186446.71	186446.71
B	计税的分部分项工程费		600498.80
2	措施项目费	304626.34	304626.34
2.1	单价措施项目费	228640.51	228640.51
2.1.1	定额人工费	26924.00	26924.00
2.1.2	计价材料费	8726.00	8726.00
2.1.3	未计价材料费	153674.00	153674.00
2.1.4	定额机械费	24028.00	24028.00
C	除税机械费		20424.00
2.1.5	管理费和利润	15288.51	15288.51
D	计税的单价措施项目费		46584.40
2.2	总价措施项目费	75985.83	75985.83
2.2.1	安全文明施工费	55054.55	55054.55
2.2.2	其他总价措施项目费	20931.28	20931.28
3	其他项目费	182897.80	182897.80
3.1	暂列金额	100000.00	100000.00
3.2	暂估材料、工程设备单价	30000.00	30000.00
3.3	计日工		
3.4	总包服务费		
3.5	其他	52897.80	52897.80

续表

代号	项目名称	营改增前的算法	营改增后的算法
3.5.1	人工费调增	52897.80	52897.80
4	规费	105216.04	105216.04
4.1	社保费住房公积金及残保金	91689.52	91689.52
4.2	危险作业意外伤害保险	3526.52	3526.52
4.3	工程排污费	10000.00	10000.00
5	税金	164482.30	104758.54
6	单位工程造价	4890985.18	4831261.44
	平方米造价	1336.33	1320.02

本章小结

工程造价的直意就是工程的建造价格。工程造价有如下两种含义。

广义的工程造价包含：建筑安装工程费用、设备及工器具购置费用、工程建设其他费用、预备费、建设期贷款利息、固定资产投资方向调节税。

狭义的工程造价即指建筑安装工程费用。按照工程造价形成由分部分项工程费、措施项目费、其他项目费、规费、税金组成，分部分项工程费、措施项目费、其他项目费均包含人工费、材料费、施工机具使用费、企业管理费和利润。

定额即指规定的额度。工程建设定额是指在工程建设中单位合格产品消耗人工、材料、机械使用量的规定额度。

按定额反映的生产要素内容可以把工程建设定额分为劳动消耗定额、材料消耗定额和机械消耗定额 3 种。

按照定额的编制程序和用途可以把工程建设定额分为施工定额、消耗量定额、概算定额、概算指标、投资估算指标 5 种。

按照投资的费用性质可以把工程建设定额分为建筑工程定额、设备安装工程定额、建筑安装工程费用定额、工器具定额以及工程建设其他费用定额等。

按照专业性质分类工程建设定额分为全国通用定额、行业通用定额和专业专用定额 3 种。

按主编单位和管理权限分类工程建设定额可分为全国统一定额、行业统一定额、地区统一定额、企业定额和补充定额 5 种。

消耗量定额（预算定额在实际应用中的另一种名称），是指完成单位合格产品（分项工程或结构构件）所需的人工、材料和机械消耗的数量标准，是计算建

筑安装产品价格的基础。

单位估价表是消耗量定额的价格表现形式，是以货币形式确定的一定计量单位分部分项工程或结构构件人工费、材料费、机械费的表格文件。它是根据消耗量定额所确定的人工、材料、机械台班消耗数量乘以人工工资单价、材料预算单价、机械台班单价汇总而成的一种表格。

《建设工程工程量清单计价规范》是统一工程量清单编制、规范工程量清单计价的国家标准，是调节建设工程招标投标中使用清单计价的招标人、投标人双方利益的规范性文件，是我国在招标投标中实行工程量清单计价的基础，是参与招标投标各方进行工程量清单计价应遵守的准则，是各级建设行政主管部门对工程造价计价活动进行监督管理的重要依据。

《工程量计算规范》是清单项目划分的标准、是清单工程量计算的依据、是编制工程量清单时统一项目编码、项目名称、项目特征描述要求、计量单位、工程量计算规则、工程内容的依据。

根据我国现行有关规定，一个建设项目一般可以向下一层次分解为单项工程、单位工程、分部工程、分项工程等项目。

从工程费用计算的角度分析，每一建设项目都可以分解为若干子项目，每一子项目都可以计量计价，进而在上一层次组合，最终确定工程造价。影响工程造价的主要因素是两个，即子项工程量和工程单价。可见，子项工程量的大小和工程单价的高低直接影响着工程造价的高与低。

工程计价基本步骤可概括为：①读图→②列项→③算量→④套价→⑤计费，适合于工程计价的每一过程，其中的每一步骤所涉及内容的不同，就会对应不同的计价方法。

工程量清单计价是指在建设工程招标投标中，招标人按照工程量计算规范列项、算量并编制“招标工程量清单”，由投标人依据“招标工程量清单”自主报价的一种计价方式。

增值税是以商品（含应税劳务）在流转过程中产生的增值额作为计税依据而征收的一种流转税。从计税原理上说，增值税是对商品生产、流通、劳务服务中多个环节的新增价值或商品的附加值征收的一种流转税。增值税实行价外税，也就是由消费者负担，有增值才征税，没增值不征税。

实行营改增并未改变前节所述工程造价的费用构成与计算程序，只是改变了计税基数以及税率。从“应纳增值税＝销项税额－进项税额”这一本质意义上理解，由于营业税是全额征收，而增值税可以抵扣进项税额，营业税和增值税的计税基数不是同一概念，增值税的计税基数应当比营业税的计税基数要小许多，而税率也将完全不一样。

习题与思考题

2.1 什么是工程造价?

2.2 我国现行工程造价的组成内容是什么?

2.3 我国现行建筑安装工程费用由哪些费用构成?

2.4 分部分项工程费由哪些费用构成?

2.5 措施项目费由哪些费用构成?

2.6 税金由哪些费用构成?

2.7 消耗量定额和单位估价表在计价中有什么作用?

2.8 工程量清单计价规范在计价中有什么作用?

2.9 什么是清单计价方法?

2.10 定额消耗量、单价与人、材、机费之间是什么关系?

2.11 综合单价的含义是什么,如何计算?

2.12 某县城中学新建一栋6层装配式混凝土综合实验楼,建筑面积为7200m^2。某造价咨询公司计算出分部分项工程费为792万元,其中:人工费为95.04万元,机械费为63.36万元;单价措施项目费30.37万元(其中人工费占10%);工程排污费3万元;招标文件明确暂列金额为10万元;应另计安全文明施工费、其他措施费。试根据上述条件计算该综合实验楼房屋建筑工程的招标控制价。

2.13 某市区新建一栋10层装配式混凝土办公楼,工程采用工程量清单招标。已计算出分部分项工程费为4218232元,其中:人工费为512300元,机械费为336800元;单价措施项目费403736元(其中人工费占11%);工程排污费20000元;招标文件明确暂列金额为120000元;应另计安全文明施工费、其他措施费;当地建设主管部门近期发文规定人工费调差率为28%。试根据上述条件计算该办公楼房屋建筑工程的招标控制价。

2.14 什么是增值税,实行营改增,税金计算应注意哪些问题?

2.15 某市区新建一幢8层装配式混凝土的住宅楼,工程采用工程量清单招标。已计算出以下数据:

(1) 分部分项工程费3671647.51元,其中:定额人工费295376元,计价材料费353837元,未计价材料费2560535元,定额机械费292930元(其中除税机械费271150元),管理费和利润168969.51元。

(2) 单价措施项目费201836.83元,其中:人工费25613元,计价材料费7769元,未计价材料费132927元,定额机械费21060元(其中除税机械费

19980 元），管理费和利润 14467.83 元。

（3）招标文件载明暂列金额应计 80000 元，专业工程暂估价 35000 元，工程排污费计 9000 元。

试根据上述条件计算该住宅楼房屋建筑工程的招标控制价。

第 3 章　装配式建筑工程分项

分部分项工程项目是工程计价的基本单元和对象，正确的项目划分和列项是工程计价的重要环节。本章介绍装配式建筑工程的清单分项与定额分项。

3.1　清单分项

3.1.1　预制混凝土构件制作、安装

根据《房屋建筑与装饰工程工程量计算规范》GB 50854—2013，装配式建筑工程预制混凝土构件制作、安装清单项目划分如表 3-1～表 3-6 所示。

预制混凝土柱　表 3-1

项目编码	项目名称	计量单位	工作内容
010509001	矩形柱	m^3、根	1. 模板制作、安装、拆除、堆放、运输及清理板内杂物、刷隔离剂等； 2. 混凝土制作、运输、浇筑、振捣、养护； 3. 构件运输、安装； 4. 砂浆制作、运输； 5. 接头灌缝、养护
010509002	异形柱		

预制混凝土梁　表 3-2

项目编码	项目名称	计量单位	工作内容
010510001	矩形梁	m^3、根	1. 模板制作、安装、拆除、堆放、运输及清理板内杂物、刷隔离剂等； 2. 混凝土制作、运输、浇筑、振捣、养护； 3. 构件运输、安装； 4. 砂浆制作、运输； 5. 接头灌缝、养护
010510002	异形梁		
010510003	过梁		
010510004	拱形梁		
010510005	鱼腹式吊车梁		
010510006	其他梁		

预制混凝土屋架　表 3-3

项目编码	项目名称	计量单位	工作内容
010511001	折线型屋架	m^3、榀	1. 模板制作、安装、拆除、堆放、运输及清理板内杂物、刷隔离剂等；
010511002	组合屋架		

续表

项目编码	项目名称	计量单位	工作内容
010511003	薄腹屋架	m^3、榀	2. 混凝土制作、运输、浇筑、振捣、养护； 3. 构件运输、安装； 4. 砂浆制作、运输； 5. 接头灌缝、养护
010511004	门式刚架		
010511005	天窗架		

预制混凝土板　　表 3-4

项目编码	项目名称	计量单位	工作内容
0105120001	平板	m^3、块	1. 模板制作、安装、拆除、堆放、运输及清理板内杂物、刷隔离剂等； 2. 混凝土制作、运输、浇筑、振捣、养护； 3. 构件运输、安装； 4. 砂浆制作、运输； 5. 接头灌缝、养护
0105120002	空心板		
0105120003	槽形板		
0105120004	网架板		
0105120005	折线板		
0105120006	带肋板		
0105120007	大型板		
0105120008	沟盖板		

注：预制大型墙板、大型楼板、大型屋面板等，按表中大型板项目编码列项。

预制混凝土楼梯　　表 3-5

项目编码	项目名称	计量单位	工作内容
010513001	楼梯	m^3、段	1. 模板制作、安装、拆除、堆放、运输及清理板内杂物、刷隔离剂等； 2. 混凝土制作、运输、浇筑、振捣、养护； 3. 构件运输、安装； 4. 砂浆制作、运输； 5. 接头灌缝、养护

其他预制混凝土构件　　表 3-6

项目编码	项目名称	计量单位	工作内容
010514001	垃圾道 通风道 烟道	m^3、m^2、根(块、套)	1. 模板制作、安装、拆除、堆放、运输及清理板内杂物、刷隔离剂等； 2. 混凝土制作、运输、浇筑、振捣、养护； 3. 构件运输、安装； 4. 砂浆制作、运输； 5. 接头灌缝、养护
010514002	其他构件		

3.1.2 钢结构构件拼装、安装

根据《房屋建筑与装饰工程工程量计算规范》GB 50854—2013，装配式建筑工程钢结构构件拼装、安装清单项目划分如表 3-7 所示。

钢结构构件　　表 3-7

项目编码	项目名称	计量单位	工作内容
010601001	钢网架	t	1. 拼装 2. 安装 3. 探伤 4. 补刷油漆
010602001	钢屋架	榀、t	
010602002	钢托架	t	
010602003	钢桁架		
010602004	钢架桥		
010603001	实腹钢柱	t	
010603002	空腹钢柱		
010603003	钢管柱		
010604001	钢梁	t	
010604002	钢吊车梁		
010605001	钢板楼板	m^2	
010605002	钢板墙板		
010606001	钢支撑、钢拉条	t	1. 拼装； 2. 安装； 3. 探伤； 4. 补刷油漆
010606002	钢檩条		
010606003	钢天窗架		
010606004	钢挡风架		
010606005	钢墙架		
010606006	钢平台		
010606007	钢走道		
010606008	钢楼梯		
010606009	钢护栏		
010606010	钢漏斗		
010606011	钢板天沟		
010606012	钢支架		
010606013	零星钢构件		
010607001	成品空调金属百页护栏	m^2	1. 安装； 2. 校正； 3. 预埋铁件及安螺栓

续表

<table>
<tr><th>项目编码</th><th>项目名称</th><th>计量单位</th><th>工作内容</th></tr>
<tr><td>010607002</td><td>成品栅栏</td><td>m^2</td><td>1. 安装；
2. 校正；
3. 预埋铁件；
4. 安螺栓及金属立柱</td></tr>
<tr><td>010607003</td><td>成品雨篷</td><td>m、m^2</td><td>1. 安装；
2. 校正；
3. 预埋铁件及安螺栓</td></tr>
<tr><td>010607004</td><td>金属网栏</td><td rowspan="3">m^2</td><td>1. 安装；
2. 校正；
3. 预埋铁件；
4. 安螺栓及金属立柱</td></tr>
<tr><td>010607005</td><td>砌块墙钢丝网加固</td><td rowspan="2">1. 铺贴；
2. 铆固</td></tr>
<tr><td>010607006</td><td>后浇带金属网</td></tr>
</table>

3.1.3 木结构构件制作、安装

根据《房屋建筑与装饰工程工程量计算规范》GB 50854—2013，装配式建筑工程木结构构件制作、安装清单项目划分如表 3-8 所示。

木结构构件 **表 3-8**

<table>
<tr><th>项目编码</th><th>项目名称</th><th>计量单位</th><th>工作内容</th></tr>
<tr><td>010701001</td><td>木屋架</td><td>榀、m^3</td><td rowspan="7">1. 制作；
2. 运输；
3. 安装；
4. 刷防护材料</td></tr>
<tr><td>010701002</td><td>钢木屋架</td><td>榀</td></tr>
<tr><td>010702001</td><td>木柱</td><td rowspan="2">m^3</td></tr>
<tr><td>010702002</td><td>木梁</td></tr>
<tr><td>010702003</td><td>木檩</td><td>m^3、m</td></tr>
<tr><td>010702004</td><td>木楼梯</td><td>m^2</td></tr>
<tr><td>010702005</td><td>其他木构件</td><td>m^3、m</td></tr>
<tr><td>010703001</td><td>屋面木基层</td><td>m^2</td><td>1. 椽子制作、安装；
2. 望板制作、安装；
3. 顺水条和挂瓦条制作、安装；
4. 刷防护材料</td></tr>
</table>

3.1.4 幕墙安装

根据《房屋建筑与装饰工程工程量计算规范》GB 50854—2013，装配式建筑工程幕墙安装清单项目划分见表 3-9。

幕墙安装　　表 3-9

项目编码	项目名称	计量单位	工作内容
011209001	带骨架幕墙	m^2	1. 幕墙制作、运输、安装； 2. 面层安装； 3. 隔离带、框边封闭； 4. 嵌缝、塞口； 5. 清洗

3.1.5 隔断制作、安装

根据《房屋建筑与装饰工程工程量计算规范》GB 50854—2013，装配式建筑工程隔断制作、安装清单项目划分如表 3-10 所示。

隔断制作安装　　表 3-10

项目编码	项目名称	计量单位	工作内容
011210001	木隔断	m^2	1. 骨架及边框制作、运输、安装； 2. 隔断制作、运输、安装； 3. 嵌缝、塞口； 4. 装钉压条
011210002	金属隔断		1. 骨架及边框制作、运输、安装； 2. 隔断制作、运输、安装； 3. 嵌缝、塞口
011210003	玻璃隔断		1. 边框制作、运输、安装； 2. 玻璃制作、运输、安装； 3. 嵌缝、塞口
011210004	塑料隔断		1. 骨架及边框制作、运输、安装； 2. 隔断制作、运输、安装； 3. 嵌缝、塞口
011210005	成品隔断	m^2、间	1. 骨架及边框制作、运输、安装； 2. 嵌缝、塞口
011210006	其他隔断	m^2	1. 骨架及边框安装； 2. 隔断安装； 3. 嵌缝、塞口

3.1.6　烟道、通风道制作、安装

根据《房屋建筑与装饰工程工程量计算规范》GB 50854—2013，装配式建筑工程烟道、通风道制作、安装的清单项目划分如表 3-11 所示。

烟道、通风道制作安装　　　　表 3-11

项目编码	项目名称	计量单位	工作内容
010514001	烟道、通风道	1. m^3 2. m^3 3. 根(块、套)	1. 模板制作、安装、拆除、堆放、运输及清理模内杂物、刷隔离剂等； 2. 混凝土制作、运输、浇筑、振捣、养护； 3. 构件运输、安装； 4. 砂浆制作、运输； 5. 接头灌缝、养护

3.1.7　成品护栏制作、安装

根据《房屋建筑与装饰工程工程量计算规范》GB 50854—2013，装配式建筑工程成品护栏制作、安装的清单项目划分如表 3-12 所示。

成品护栏制作安装　　　　表 3-12

项目编码	项目名称	计量单位	工作内容
01051400	其他预制构件	根(块、套)	1. 模板制作、安装、拆除、堆放、运输及清理模内杂物、刷隔离剂等； 2. 混凝土制作、运输、浇筑、振捣、养护； 3. 构件运输、安装； 4. 砂浆制作、运输； 5. 接头灌缝、养护
011503001	金属扶手、栏杆、栏板	m	1. 制作； 2. 运输； 3. 安装； 4. 刷防护材料
011503008	玻璃栏板	m	

3.1.8　成品装饰部件安装

根据《房屋建筑与装饰工程工程量计算规范》GB 50854—2013，装配式建筑工程成品装饰部件制作、安装清单项目划分如表 3-13 所示。

成品装饰部件安装　　表 3-13

项目编码	项目名称	计量单位	工作内容
011105005	木制踢脚线	m^2	1. 基层清理； 2. 基层铺贴； 3. 面层铺贴； 4. 材料运输
011105006	金属踢脚线		
011207001	墙面装饰板		1. 基层清理； 2. 龙骨制作、运输、安装； 3. 钉隔离层； 4. 基层铺钉； 5. 面层铺贴
010801001	木质门	樘、m^2	1. 门安装； 2. 玻璃安装； 3. 五金安装
011501007	厨房壁柜	个、m、m^3	1. 台柜制作、运输、安装(安放)； 2. 刷防护材料、油漆； 3. 五金件安装

3.2 定额分项

3.2.1 预制混凝土构件安装

根据《装配式建筑工程消耗量定额》TY 01—01（01）—2016，装配式建筑工程预制混凝土构件安装定额项目划分如表 3-14 所示。

预制混凝土构件安装　　表 3-14

定额编号	项目名称	计量单位	工作内容
7-1-1	实心柱	m^3	支撑杆连接件预埋，结合面清理，构件吊装、就位、校正、垫实、固定，坐浆料铺筑，搭设及拆除钢支撑
7-1-2	单梁	m^3	结合面清理，构件吊装、就位、校正、垫实、固定，接头钢筋调直，搭设及拆除钢支撑
7-1-3	叠合梁	m^3	
7-1-4	整体板	m^3	结合面清理，构件吊装、就位、校正、垫实、固定，接头钢筋调直、焊接，搭设及拆除钢支撑
7-1-5	叠合板	m^3	

续表

定额编号	项目名称	计量单位	工作内容
7-1-6	实心剪力墙-外墙板 墙厚≤200mm	m^3	支撑杆连接件预埋，结合面清理，构件吊装、就位、校正、垫实、固定，接头钢筋调直，构件打磨，坐浆料铺筑，填缝料填缝，搭设及拆除钢支撑
7-1-7	实心剪力墙-外墙板 墙厚>200mm	m^3	
7-1-8	实心剪力墙-内墙板 墙厚≤200mm	m^3	
7-1-9	实心剪力墙-内墙板 墙厚>200mm	m^3	
7-1-10	夹心保温剪力墙外墙板 墙厚≤300mm	m^3	支撑杆连接件预埋，结合面清理，构件吊装、就位、校正、垫实、固定，接头钢筋调直，构件打磨，坐浆料铺筑，填缝料填缝，接缝处保温板填充，搭设及拆除钢支撑
7-1-11	夹心保温剪力墙外墙板 墙厚>300mm	m^3	
7-1-12	双叶叠合剪力墙-外墙板	m^3	
7-1-13	双叶叠合剪力墙-内墙板	m^3	
7-1-14	外墙面板(PCF板)	m^3	支撑杆连接件预埋，结合面清理，构件吊装、就位、校正、垫实、固定，接头钢筋调直，构件打磨，坐浆料铺筑，填缝料填缝，接缝处保温板填充，搭设及拆除钢支撑
7-1-15	外挂墙板 墙厚≤200mm	m^3	
7-1-16	外挂墙板 墙厚>200mm	m^3	
7-1-17	直行梯段-简支	m^3	结合面清理，构件吊装、就位、校正、垫实、固定，接头钢筋调直、焊接，灌缝、嵌缝，搭设及拆除钢支撑
7-1-18	直行梯段-固支	m^3	
7-1-19	叠合板式阳台	m^3	支撑杆连接件预埋，结合面清理，构件吊装、就位、校正、垫实、固定，接头钢筋调直，构件打磨，坐浆料铺筑，填缝料填缝，搭设及拆除钢支撑
7-1-20	全预制式阳台	m^3	
7-1-21	凸(飘)窗	m^3	
7-1-22	空调板	m^3	
7-1-23	女儿墙 墙高≤600mm	m^3	支撑杆连接件预埋，结合面清理，构件吊装、就位、校正、垫实、固定，接头钢筋调直，构件打磨，坐浆料铺筑，填缝料填缝，搭设及拆除钢支撑
7-1-24	女儿墙墙高≤1400mm	m^3	
7-1-25	压顶	m^3	

续表

定额编号	项目名称	计量单位	工作内容
7-1-26	套筒注浆 钢筋直径≤18mm	个	结合面清理，注浆料搅拌，注浆，养护，现场清理
7-1-27	套筒注浆 钢筋直径≤18mm	个	
7-1-28	嵌缝、打胶	m	清理缝道，剪裁，固定，注胶，现场清理

3.2.2 后浇混凝土浇捣

根据《装配式建筑工程消耗量定额》TY 01—01（01）—2016，装配式建筑工程后浇混凝土浇捣、钢筋制安定额项目划分如表 3-15、表 3-16 所示。

后浇混凝土浇捣 **表 3-15**

定额编号	项目名称	计量单位	工作内容
7-1-29	梁、柱接头	m^3	浇筑、振捣、养护等
7-1-30	叠合梁、板	m^3	
7-1-31	叠合剪力墙	m^3	
7-1-32	连接墙、柱	m^3	

后浇混凝土钢筋 **表 3-16**

定额编号	项目名称	计量单位	工作内容
7-1-33	带肋钢筋 HRB400 以内 直径≤10mm	t	钢筋制作、运输、绑扎、安装
7-1-34	带肋钢筋 HRB400 以内 直径≤18mm	t	
7-1-35	带肋钢筋 HRB400 以内 直径≤25mm	t	
7-1-36	带肋钢筋 HRB400 以内 直径≤40mm	t	
7-1-37	带肋钢筋 HRB400 以上 直径≤10mm	t	钢筋制作、运输、绑扎、安装
7-1-38	带肋钢筋 HRB400 以上 直径≤18mm	t	
7-1-39	带肋钢筋 HRB400 以上 直径≤25mm	t	
7-1-40	带肋钢筋 HRB400 以上 直径≤40mm	t	

续表

定额编号	项目名称	计量单位	工作内容
7-1-41	带肋钢筋 HRB300 直径≤10mm 绑扎	t	钢筋制作、运输、绑扎、安装、点焊、拼装
7-1-42	带肋钢筋 HRB300 直径≤10mm 点焊	t	
7-1-43	带肋钢筋 HRB300 直径≤18mm 绑扎	t	
7-1-44	带肋钢筋 HRB300 直径≤18mm 点焊	t	
7-1-45	箍筋 带肋钢筋 HRB400 以内 直径≤10mm	t	钢筋制作、运输、绑扎、安装
7-1-46	箍筋 带肋钢筋 HRB400 以内 直径>10mm	t	
7-1-47	箍筋 带肋钢筋 HRB400 以上 直径≤10mm	t	
7-1-48	箍筋 带肋钢筋 HRB400 以上 直径>10mm	t	

3.2.3　预制钢构件安装

1. 钢网架安装

根据《装配式建筑工程消耗量定额》TY 01—01（01）—2016，装配式建筑工程预制钢网架安装定额项目划分如表 3-17 所示。

预制钢网架安装　　表 3-17

定额编号	项目名称	计量单位	工作内容
7-2-1	焊接空心球网架安装	t	卸料、检验、基础线测定、找正、找平、分块拼装、翻身加固、吊装上位、就位、校正、焊接、固定、补漆、清理等
7-2-2	螺栓球节点网架安装		
7-2-3	焊接不锈钢空心球网架安装		
7-2-4	固定支座安装	套	安装、定位、固定、焊接等
7-2-5	单向滑动支座安装		
7-2-6	双向滑动支座安装		

2. 厂（库）房钢结构安装

根据《装配式建筑工程消耗量定额》TY 01—01（01）—2016，装配式建筑工程预制厂（库）房钢结构安装定额项目划分如表 3-18 所示。

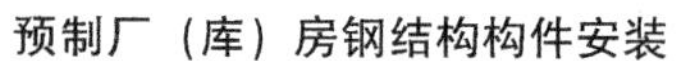

预制厂（库）房钢结构构件安装 **表 3-18**

定额编号	项目名称	计量单位	工作内容
7-2-7	钢屋架(钢托架)安装 质量(t)≤1.5	t	放线、卸料、检验、划线、构件拼装、加固、翻身就位、绑扎吊装、校正、焊接、固定、补漆、清理等
7-2-8	钢屋架(钢托架)安装 质量(t)≤3		
7-2-9	钢屋架(钢托架)安装 质量(t)≤8		
7-2-10	钢屋架(钢托架)安装 质量(t)≤15		
7-2-11	钢屋架(钢托架)安装 质量(t)≤25		
7-2-12	钢桁架安装 质量(t)≤1.5	t	放线、卸料、检验、划线、构件拼装、加固、翻身就位、绑扎吊装、校正、焊接、固定、补漆、清理等
7-2-13	钢桁架安装 质量(t)≤3		
7-2-14	钢桁架安装 质量(t)≤8		
7-2-15	钢桁架安装 质量(t)≤15		
7-2-16	钢桁架安装 质量(t)≤25		
7-2-17	钢桁架安装 质量(t)≤40		
7-2-18	钢柱安装 质量(t)≤3	t	放线、卸料、检验、划线、构件拼装、加固、翻身就位、绑扎吊装、校正、焊接、固定、补漆、清理等
7-2-19	钢柱安装 质量(t)≤8		
7-2-20	钢柱安装 质量(t)≤15		
7-2-21	钢柱安装 质量(t)≤25		
7-2-22	钢梁安装 质量(t)≤1.5	t	放线、卸料、检验、划线、构件拼装、加固、翻身就位、绑扎吊装、校正、焊接、固定、补漆、清理等
7-2-23	钢梁安装 质量(t)≤3		
7-2-24	钢梁安装 质量(t)≤8		
7-2-25	钢梁安装 质量(t)≤15		
7-2-26	钢吊车梁安装 质量(t)≤3	t	放线、卸料、检验、划线、构件拼装、加固、翻身就位、绑扎吊装、校正、焊接、固定、补漆、清理等
7-2-27	钢吊车梁安装 质量(t)≤8		
7-2-28	钢吊车梁安装 质量(t)≤15		
7-2-29	钢吊车梁安装 质量(t)≤25		
7-2-30	钢平台(钢走道)安装	t	放线、卸料、检验、划线、构件拼装、加固、翻身就位、绑扎吊装、校正、焊接、固定、补漆、清理等
7-2-31	踏步式钢楼梯安装		
7-2-32	爬式钢楼梯安装		
7-2-33	钢支撑(钢檩条)安装	t	放线、卸料、检验、划线、构件拼装、加固、翻身就位、绑扎吊装、校正、焊接、固定、补漆、清理等
7-2-34	钢墙架(挡风架)安装		
7-2-35	零星钢构件安装		
7-2-36	现场拼装平台摊销	t	划线、切割、组装、就位、焊接、翻身、校正、调平、清理、拆除、整理等

3. 钢结构住宅构件安装

根据《装配式建筑工程消耗量定额》TY 01—01（01）—2016，装配式建筑工程预制钢结构住宅构件安装定额项目划分如表3-19所示。

预制钢结构住宅构件安装　　表3-19

定额编号	项目名称	计量单位	工作内容
7-2-37	钢柱安装　质量(t)≤3	t	放线、卸料、检验、划线、构件拼装、加固、翻身就位、绑扎吊装、校正、焊接、固定、补漆、清理等
7-2-38	钢柱安装　质量(t)≤5		
7-2-39	钢柱安装　质量(t)≤10		
7-2-40	钢柱安装　质量(t)≤15		
7-2-41	钢梁安装　质量(t)≤0.5	t	放线、卸料、检验、划线、构件拼装、加固、翻身就位、绑扎吊装、校正、焊接、固定、补漆、清理等
7-2-42	钢梁安装　质量(t)≤1.5		
7-2-43	钢梁安装　质量(t)≤3		
7-2-44	钢梁安装　质量(t)≤5		
7-2-45	钢支撑安装　质量(t)≤1.5	t	放线、卸料、检验、划线、构件拼装、加固、翻身就位、绑扎吊装、校正、焊接、固定、补漆、清理等
7-2-46	钢支撑安装　质量(t)≤3		
7-2-47	钢支撑安装　质量(t)≤5		
7-2-48	钢支撑安装　质量(t)≤8		
7-2-49	踏步式钢楼梯安装	t	放线、卸料、检验、划线、构件拼装、加固、翻身就位、绑扎吊装、校正、焊接、固定、补漆、清理等
7-2-50	零星钢构件安装		

3.2.4 钢结构围护体系安装

1. 钢楼承体系安装

根据《装配式建筑工程消耗量定额》TY 01—01（01）—2016，装配式建筑工程预制钢楼承体系安装定额项目划分如表3-20所示。

预制钢楼承体系安装　　表3-20

定额编号	项目名称	计量单位	工作内容
7-2-51	冷弯薄壁型钢梁龙骨	m^2	1. 定位、下料、打眼、剔洞、安螺栓，龙骨、拉条、拉杆安装，运输等全部操作过程； 2. 场内运输，选料、放线、配板、切割、拼装、安装
7-2-52	自承式楼承板		
7-2-53	压型钢板楼承板		
7-2-54	轻质颗粒磷石膏混凝土浇灌	m^3	上料、搅拌、泵送、灌浆、振捣、灌浆口抹平清理

2. 墙围护体系安装

根据《装配式建筑工程消耗量定额》TY 01—01（01）—2016，装配式建筑工程预制钢结构墙围护体系安装定额项目划分如表 3-21 所示。

预制钢结构墙围护体系安装　　表 3-21

定额编号	项目名称	计量单位	工作内容
7-2-55	冷弯薄壁型钢龙骨	m²	1. 定位、下料、打眼、剔洞、安螺栓，龙骨、拉条、拉杆安装，运输等全部操作过程； 2. 场内运输，选料、放线、配板、切割、拼装、安装
7-2-56	彩钢夹芯板墙面板		
7-2-57	采光板墙面板		
7-2-58	压型钢板墙面板		
7-2-59	硅酸钙板双面隔墙墙面板		1. 定位、下料、打眼、剔洞、安螺栓，龙骨、拉条、拉杆安装，运输等全部操作过程； 2. 裁剪、运输、锚固钢丝网； 3. 清理基层、保温岩棉铺设、双面胶纸固定； 4. 墙面开孔、上料、搅拌、泵送、灌浆、振捣、灌浆口抹平清理
7-2-60	镀锌钢丝网墙面板		
7-2-61	墙体填充保温岩棉铺设	m³	
7-2-62	墙体填充 EPS 混凝土浇灌		
7-2-63	墙体填充 轻质颗粒磷石膏混凝土浇灌		
7-2-64	硅酸钙板包柱、包梁	m²	1. 放线、卸料、检验、划线、构件加固、构件拼装、翻身就位、绑扎吊装、校正、焊接、龙骨固定、补漆、清理等； 2. 选料、抹砂浆、贴砌块、擦缝
7-2-65	蒸压砂加气保温块贴面		

3. 屋面体系安装

根据《装配式建筑工程消耗量定额》TY 01—01（01）—2016，装配式建筑工程预制钢结构屋面体系安装定额项目划分如表 3-22 所示。

预制钢结构屋面体系安装　　表 3-22

定额编号	项目名称	计量单位	工作内容
7-2-66	冷弯薄壁型钢屋面龙骨	m²	1. 定位、下料、打眼、剔洞、安螺栓，龙骨、拉条、拉杆安装，运输等全部操作过程； 2. 放线、下料，切割断料，周边塞口，清扫；弹线、安装； 3. 裁剪、运输、锚固钢丝网
7-2-67	彩钢夹芯板屋面板		
7-2-68	采光板屋面板		
7-2-69	压型钢板屋面板		
7-2-70	镀锌钢丝网墙面板		
7-2-71	轻质颗粒磷石膏混凝土浇灌	m³	上料、搅拌、泵送、灌浆、敲击振捣、灌浆口抹平清理

续表

定额编号	项目名称	计量单位	工作内容
7-2-72	钢板天沟	t	放样、划线、裁料、平整、拼装、焊接、成品校正
7-2-73	不锈钢天沟	m	
7-2-74	彩钢板天沟		

3.2.5 预制木结构安装

1. 木地梁板安装

根据《装配式建筑工程消耗量定额》TY 01—01（01）—2016，装配式建筑工程预制木结构地梁板安装定额项目划分如表3-23所示。

预制木结构地梁板安装　　表3-23

定额编号	项目名称	计量单位	工作内容
7-3-1	地梁板 板厚≤120mm	m	清理工作面，铺设防水卷材，放腐木就位、校正、垫实、螺栓固定
7-3-2	地梁板 板厚≤180mm		
7-3-3	地梁板 板厚≤240mm		

2. 木柱安装

根据《装配式建筑工程消耗量定额》TY 01—01（01）—2016，装配式建筑工程预制木结构柱安装定额项目划分如表3-24所示。

预制木结构柱安装　　表3-24

定额编号	项目名称	计量单位	工作内容
7-3-4	规格材组合柱 截面积≤0.1m^2	m^3	吊装，支撑就位、校正、垫实、固定
7-3-5	规格材组合柱 截面积≤0.2m^2		
7-3-6	胶合柱 截面积≤0.1m^2		
7-3-7	胶合柱 截面积≤0.2m^2		

3. 木梁安装

根据《装配式建筑工程消耗量定额》TY 01—01（01）—2016，装配式建筑工程预制木结构梁安装定额项目划分如表3-25所示。

预制木结构梁安装　　表 3-25

定额编号	项目名称	计量单位	工作内容
7-3-8	规格材组合梁 截面积≤0.1m^2	m^3	吊装，支撑就位、校正、垫实、固定
7-3-9	规格材组合梁 截面积≤0.2m^2		
7-3-10	胶合梁 截面积≤0.1m^2		
7-3-11	胶合梁 截面积≤0.2m^2		

4. 木墙安装

根据《装配式建筑工程消耗量定额》TY 01—01（01）—2016，装配式建筑工程预制木结构墙安装定额项目划分如表 3-26 所示。

预制木结构墙安装　　表 3-26

定额编号	项目名称	计量单位	工作内容
7-3-12	墙体木骨架 墙厚≤120mm	m^2	装配木骨架墙体，钉螺纹钉，吊装，就位、校正、固定
7-3-13	墙体木骨架 墙厚≤180mm		
7-3-14	墙体木骨架 墙厚≤240mm		
7-3-15	墙面板铺装		

5. 木楼板安装

根据《装配式建筑工程消耗量定额》TY 01—01（01）—2016，装配式建筑工程预制木结构楼板安装定额项目划分如表 3-27 所示。

预制木结构楼板安装　　表 3-27

定额编号	项目名称	计量单位	工作内容
7-3-16	楼板格栅 格栅跨度≤3m	m^2	装配楼面格栅，吊装，就位、校正、固定，钉螺纹钉
7-3-17	楼板格栅 格栅跨度≤4m		
7-3-18	规格格栅 格栅跨度≤5m		
7-3-19	规格格栅 格栅跨度≤6m		
7-3-20	格栅挂件	套	安装格栅挂件，吊装，就位、校正、固定，钉螺纹钉，打结构胶
7-3-21	楼面板铺装	m^2	

6. 木楼梯安装

根据《装配式建筑工程消耗量定额》TY 01—01（01）—2016，装配式建筑

工程预制木结构楼梯安装定额项目划分如表3-28所示。

预制木结构楼梯安装　　表3-28

定额编号	项目名称	计量单位	工作内容
7-3-22	木楼梯	m^2	吊装,就位、校正、固定,钉螺纹钉

7. 木屋面安装

根据《装配式建筑工程消耗量定额》TY 01—01（01）—2016，装配式建筑工程预制木结构屋面安装定额项目划分如表3-29所示。

预制木结构屋面安装　　表3-29

定额编号	项目名称	计量单位	工作内容
7-3-23	檩条	m^3	吊装,就位、校正、固定,钉螺纹钉
7-3-24	桁架		
7-3-25	屋面板铺装两坡以内	m^2	
7-3-26	屋面板铺装两坡以上		
7-3-27	封檐板 高度≤20cm	m	安装封檐板
7-3-28	封檐板 高度≤30cm		

3.2.6 木结构围护体系安装

根据《装配式建筑工程消耗量定额》TY 01—01（01）—2016，装配式建筑工程预制木结构围护体系安装定额项目划分如表3-30所示。

木结构围护体系安装　　表3-30

定额编号	项目名称	计量单位	工作内容
7-3-29	石膏板铺设	m^2	1. 龙骨基层上钉隔离层； 2. 清理基层,呼吸纸铺设； 3. 清理基层,保温岩棉铺设、双面胶纸固定
7-3-30	呼吸纸铺设		

3.2.7 单元式幕墙安装

根据《装配式建筑工程消耗量定额》TY 01—01（01）—2016，装配式建筑工程预制单元式幕墙安装定额项目划分如表3-31所示。

单元式幕墙安装　　表 3-31

定额编号	项目名称	计量单位	工作内容
7-4-1	单元式幕墙 安装高度≤60m	m^2	预埋件清理、幕墙板块定位、安装，板块间及板块连接件间固定、注胶、清洗、轨道行车拆装
7-4-2	单元式幕墙 安装高度≤100m		
7-4-3	单元式幕墙 安装高度≤150m		
7-4-4	单元式幕墙 安装高度≤200m		

3.2.8 防火封堵隔断安装

根据《装配式建筑工程消耗量定额》TY 01—01（01）—2016，装配式建筑工程预制防火封堵隔断安装定额项目划分如表 3-32 所示。

防火封堵隔断安装　　表 3-32

定额编号	项目名称	计量单位	工作内容
7-4-5	防火封堵隔断 缝宽≤200mm	m	防火隔断安装、注防火胶、表面清理
7-4-6	防火封堵隔断 缝宽≤200mm		

3.2.9 槽形埋件及连接件安装

根据《装配式建筑工程消耗量定额》TY 01—01（01）—2016，装配式建筑工程预制槽形埋件及连接件安装定额项目划分如表 3-33 所示。

槽形埋件及连接件安装　　表 3-33

定额编号	项目名称	计量单位	工作内容
7-4-7	槽形埋件	个	槽形预埋件定位、放置、调整及开口封堵，槽形预埋件封清理，T 形转接螺栓安装
7-4-8	T 型转接螺栓		

3.2.10 非承重隔墙安装

1. 钢丝网架轻质夹芯隔墙板安装

根据《装配式建筑工程消耗量定额》TY 01—01（01）—2016，装配式建筑工程预制钢丝网架轻质夹芯隔墙板安装定额项目划分如表 3-34 所示。

钢丝网架轻质夹芯隔墙板安装　　表 3-34

定额编号	项目名称	计量单位	工作内容
7-4-9	钢丝网架轻质夹芯隔墙板安装 板厚≤50mm	m^2	现场清理、隔墙板块定位、固定配件安装、隔墙板块安装、板块间、门窗洞口等处钢丝网片、金属配件安装
7-4-10	钢丝网架轻质夹芯隔墙板安装 板厚≤80mm		
7-4-11	钢丝网架轻质夹芯隔墙板安装 板厚≤100mm		

2. 预制轻质条板隔墙安装

根据《装配式建筑工程消耗量定额》TY 01—01（01）—2016，装配式建筑工程预制轻质条板隔墙安装定额项目划分如表 3-35 所示。

制轻质条板隔墙安装　　表 3-35

定额编号	项目名称	计量单位	工作内容
7-4-12	预制轻质条板隔墙 板厚≤100mm	m^2	现场清理、隔墙板块定位、板块及固定配件安装、门窗洞口等处条板空心孔洞填塞、填灌缝、贴玻纤布、砂浆找平
7-4-13	预制轻质条板隔墙 板厚≤120mm		
7-4-14	预制轻质条板隔墙 板厚≤150mm		
7-4-15	预制轻质条板隔墙 板厚≤200mm		

3. 预制轻钢龙骨隔墙安装

根据《装配式建筑工程消耗量定额》TY 01—01（01）—2016，装配式建筑工程预制轻钢龙骨隔墙安装定额项目划分如表 3-36 所示。

制钢龙骨隔墙安装　　表 3-36

定额编号	项目名称	计量单位	工作内容
7-4-16	预制轻钢龙骨隔墙 板厚≤80mm	m^2	现场清理、弹线、隔墙板块、洞口定位、板块及固定配件安装、板填填塞以及与主体结构接合处贴玻纤布、隔声材料等
7-4-17	预制轻钢龙骨隔墙 板厚≤100mm		
7-4-18	预制轻钢龙骨隔墙 板厚≤150mm		
7-4-19	增加一道硅酸钙板		现场清理、在已装配好的隔墙上布板、硅酸钙板安装

3.2.11　预制烟道及通风道安装

1. 预制烟道及通风道安装

根据《装配式建筑工程消耗量定额》TY 01—01（01）—2016，装配式建筑工程预制预制烟道及通风道安装定额项目划分如表 3-37 所示。

预制烟道及通风道安装　　表 3-37

定额编号	项目名称	计量单位	工作内容
7-4-20	预制烟道、通风道安装 断面周长≤1.5m	m	现场清理、预制构件就位、预制构件上下层连接安装、墙、板连接处填塞密实
7-4-21	预制烟道、通风道安装 断面周长≤2m		
7-4-22	预制烟道、通风道安装 断面周长≤2.5m		

2. 成品风帽安装

根据《装配式建筑工程消耗量定额》TY 01—01（01）—2016，装配式建筑工程预制预制成品风帽安装定额项目划分如表 3-38 所示。

预制烟道及通风道安装　　表 3-38

定额编号	项目名称	计量单位	工作内容
7-4-23	混凝土成品风帽	个	清理现场及底座预留孔、风帽就位、立柱安装及预留孔灌浆
7-4-24	钢制成品风帽		现场清理、风帽就位、风帽与底座连接

3.2.12　预制成品护栏安装

根据《装配式建筑工程消耗量定额》TY 01—01（01）—2016，装配式建筑工程预制成品护栏安装定额项目划分如表 3-39 所示。

预制成品护栏安装　　表 3-39

定额编号	项目名称	计量单位	工作内容
7-4-25	混凝土预制成品护栏	m	成品定制、构件运输、预埋铁件、切割、就位、校正、固定、焊接、打磨、安装、灌浆、填缝等全部操作过程
7-4-26	型钢预制成品护栏		
7-4-27	型钢玻璃预制成品护栏		

3.2.13　成品装饰部件安装

1. 成品踢脚线安装

根据《装配式建筑工程消耗量定额》TY 01—01（01）—2016，装配式建筑工程预制成品踢脚线安装定额项目划分如表 3-40 所示。

成品踢脚线安装　　　　表 3-40

<table>
<tr><th>定额编号</th><th>项目名称</th><th>计量单位</th><th>工作内容</th></tr>
<tr><td>7-4-28</td><td>实木成品卡扣式踢脚线</td><td rowspan="2">m</td><td rowspan="2">基层清理、定位、固定、安装踢脚线等全部操作过程</td></tr>
<tr><td>7-4-29</td><td>金属成品卡扣式踢脚线</td></tr>
</table>

2. 墙面成品木饰面安装

根据《装配式建筑工程消耗量定额》TY 01—01（01）—2016，装配式建筑工程预制墙面成品木饰面定额项目划分如表 3-41 所示。

墙面成品木饰面安装　　　　表 3-41

<table>
<tr><th>定额编号</th><th>项目名称</th><th>计量单位</th><th>工作内容</th></tr>
<tr><td>7-4-30</td><td>墙面成品木饰面 直形</td><td rowspan="2">m²</td><td rowspan="2">基层清理、定位、固定、安装墙面成品木饰面等全部操作过程</td></tr>
<tr><td>7-4-31</td><td>墙面成品木饰面 弧形</td></tr>
</table>

3. 成品木门安装

根据《装配式建筑工程消耗量定额》TY 01—01（01）—2016，装配式建筑工程成品木门安装定额项目划分如表 3-42 所示。

成品木门安装　　　　表 3-42

<table>
<tr><th>定额编号</th><th>项目名称</th><th>计量单位</th><th>工作内容</th></tr>
<tr><td>7-4-32</td><td>带门套成品装饰平开复合木门 单开</td><td rowspan="6">樘</td><td rowspan="4">测量定位、门及门套运输安装、五金配件安装调试等全部操作过程</td></tr>
<tr><td>7-4-33</td><td>带门套成品装饰平开复合木门 双开</td></tr>
<tr><td>7-4-34</td><td>带门套成品装饰平开实木门 单开</td></tr>
<tr><td>7-4-35</td><td>带门套成品装饰平开实木门 双开</td></tr>
<tr><td>7-4-36</td><td>带门套成品推拉木门 吊装式</td><td rowspan="2">测量定位、门扇运输安装、五金配件安装调试等全部操作过程</td></tr>
<tr><td>7-4-37</td><td>带门套成品推拉木门 落地式</td></tr>
<tr><td>7-4-38</td><td>成品木质门套 断面展开宽度≤250mm</td><td rowspan="4">m</td><td rowspan="4">基层清理、定位、固定、安装面层等全部操作过程</td></tr>
<tr><td>7-4-39</td><td>成品木质门套 断面展开宽度>250mm</td></tr>
<tr><td>7-4-40</td><td>成品木质窗套 断面展开宽度≤200mm</td></tr>
<tr><td>7-4-41</td><td>成品木质窗套 断面展开宽度>200mm</td></tr>
</table>

4. 成品橱柜安装

根据《装配式建筑工程消耗量定额》TY 01—01（01）—2016，装配式建筑工程成品橱柜安装定额项目划分如表 3-43 所示。

成品橱柜安装 表 3-43

定额编号	项目名称	计量单位	工作内容
7-4-42	成品橱柜安装 上柜	m	测量、工厂定制橱柜，表面清理，固定，安装等全部操作过程
7-4-43	成品橱柜安装 下柜		
7-4-44	成品橱柜安装 水槽	组	
7-4-45	成品橱柜安装 人造石	m	测量、定制成品橱柜、装配、五金件安装、表面清理
7-4-46	成品橱柜安装 不锈钢		
7-4-47	成品洗漱台柜安装 人造石	组	

本章小结

对比装配式建筑的清单分项与定额分项，可看到清单项目比定额项目少许多。

一般而言，清单项目是按实体工程划分的，也就是有实物形态的存在才会有清单项目，而定额项目既可按实体划分（如构造层次），也可按非实体的施工过程、辅助工作（如构件运输、拼装、吊装）来划分定额项目。一个清单项目对应一个实体工程，若这一实体工程有若干构造层次或施工过程，则须有多个定额项目与之相对应。

因此，按照设计文件、施工方案对拟建的装配式建筑工程进行列项，即先列出清单项目，再根据每一清单项目的工作内容要求，列出匹配的定额项目，是施工图预算工作的关键步骤。

列出清单项目是为了编制工程量清单文件；而定额项目匹配清单项目是为了进行“综合单价”的组价计算。

习题与思考题

3.1 清单项目与定额项目有何不同?

3.2 装配式混凝土结构工程有哪些清单项目，分别对应哪些定额项目?

3.3 装配式钢结构工程有哪些清单项目，分别对应哪些定额项目?

3.4 装配式木结构工程有哪些清单项目，分别对应哪些定额项目?

3.5 装配式建筑构件及部品工程有哪些清单项目，分别对应哪些定额项目?

3.6 清单项目列项的原则是什么?

3.7 定额项目列项的原则是什么?

第 4 章　装配式混凝土结构计量与计价

工程计量是工程计价的前提条件，按照规则正确的计算工程量是工程计价的重要环节。本章介绍装配式混凝土结构工程的清单工程量与定额工程量计算规则，以及综合单价组价方法。

4.1　装配式混凝土结构计量

4.1.1　工程量计算规则

1. 清单规则

（1）以“m^3”为单位计算的，按设计图示尺寸以体积计算。不扣除单个面积小于等于 300mm×300mm 的孔洞所占体积，扣除空心板空洞体积。

（2）以“根”（榀、块、套、段）计算的，按设计图示尺寸以数量计算。

（3）预制楼梯，按设计图示尺寸以体积计算。扣除空心踏步板空洞体积。

2. 定额规则

1）预制混凝土构件安装

（1）构件安装工程量按成品构件设计图示尺寸的实体积以“m^3”为单位计算，依附于构件制作的各类保温层、饰面层的体积并入相应构件安装中计算，不扣除构件内钢筋、预埋铁件、配管、套管、线盒及单个面积小于等于 0.3 m^2 的孔洞、线箱等所占体积，构件外露钢筋体积亦不再增加。

（2）套筒注浆按设计数量以“个”计算。

（3）外墙嵌缝、打胶按构件外墙接缝的设计图示尺寸的长度以“m”计算。

2）后浇混凝土浇捣

（1）后浇混凝土浇捣工程量按设计图示尺寸以实体积计算，不扣除混凝土内钢筋、预埋铁件及单个面积小于等于 0.3 m^2 的孔洞等所占体积。

（2）后浇混凝土钢筋工程量按设计图示钢筋的长度、数量乘以钢筋单位理论质量计算，其中：

① 钢筋接头的数量应按设计图示及规范要求计算；设计图示及规范要求未标明的，由 ϕ10 以内的长钢筋按每 12m 计算一个钢筋接头，ϕ10 以上的长钢筋按每 9m 计算一个钢筋接头。

② 钢筋接头的搭接长度应按设计图示及规范要求计算，如设计要求钢筋接头采用机械连接、电渣压力焊及气压焊时，按个计算，不再计算该处的钢筋搭接长度。

③ 钢筋工程量应包括双层及多层钢筋的铁马数量，不包括预制构件外露钢筋的数量。

4.1.2 图示要点

装配式混凝土结构建筑的特点是用预制的部品部件在工地装配形成产品，主要的部品部件有预制的柱、墙、梁、板、楼梯和整体卫浴、整体阳台等。由于其构造做法、施工方式与传统的现浇混凝土结构有很大的不同，因而图示表达也会有所不同。

1. 装配式混凝土结构施工图示例

装配式混凝土结构施工图如图 4-1～图 4-9 所示。

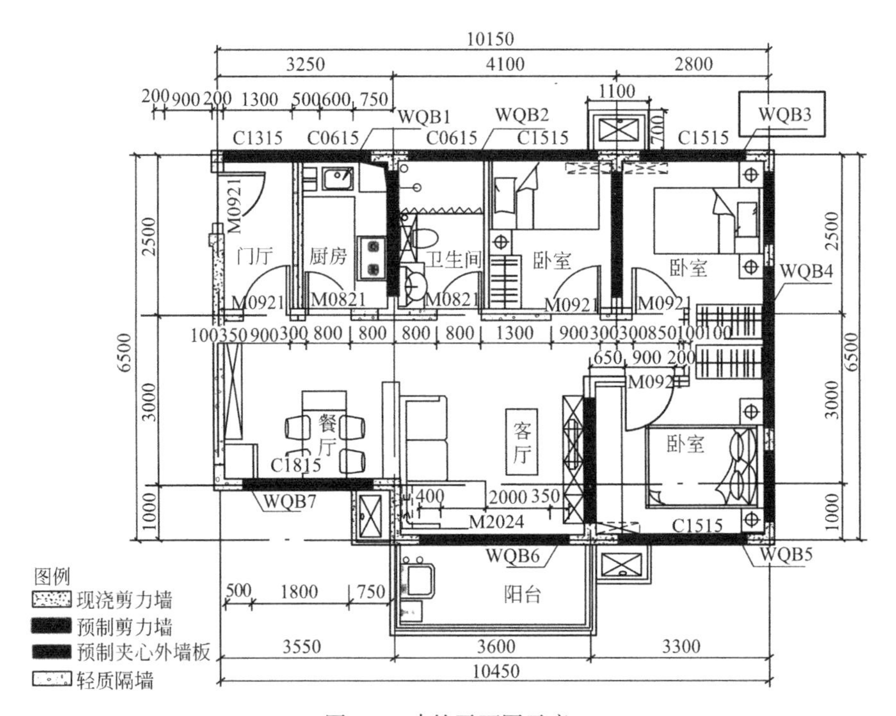

图 4-1 建筑平面图示意

2. 装配式混凝土结构预制构件及代号

1）外墙板

预制剪力墙外墙板是装配式建筑的承重构件，是主要承受风荷载或地震作用

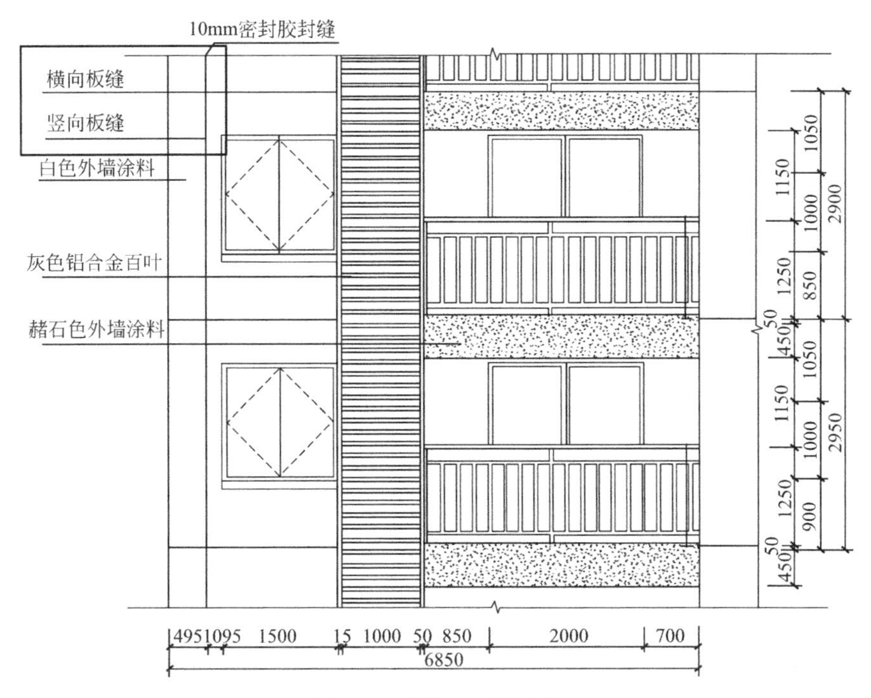

图4-2　建筑立面图示意

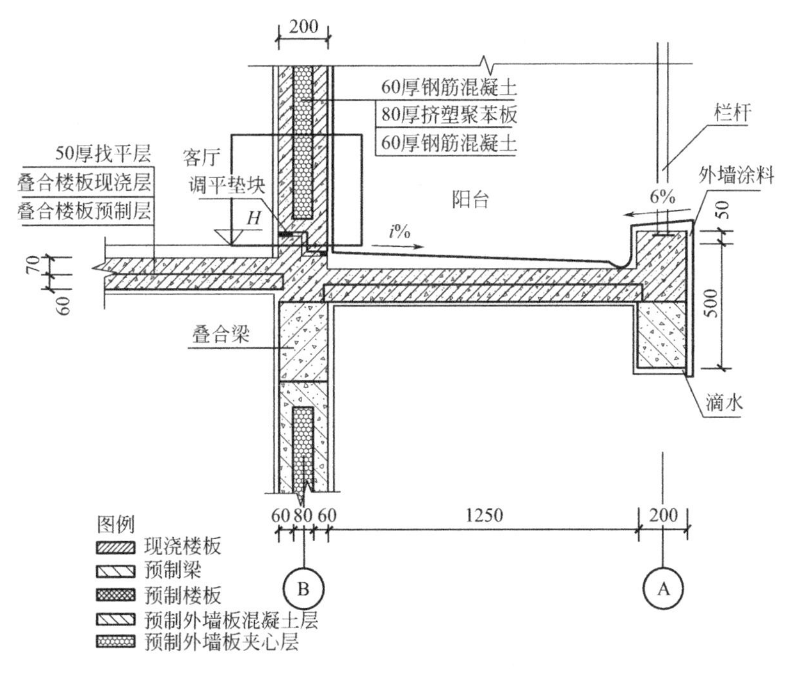

图4-3　楼面防水建筑大样图示意

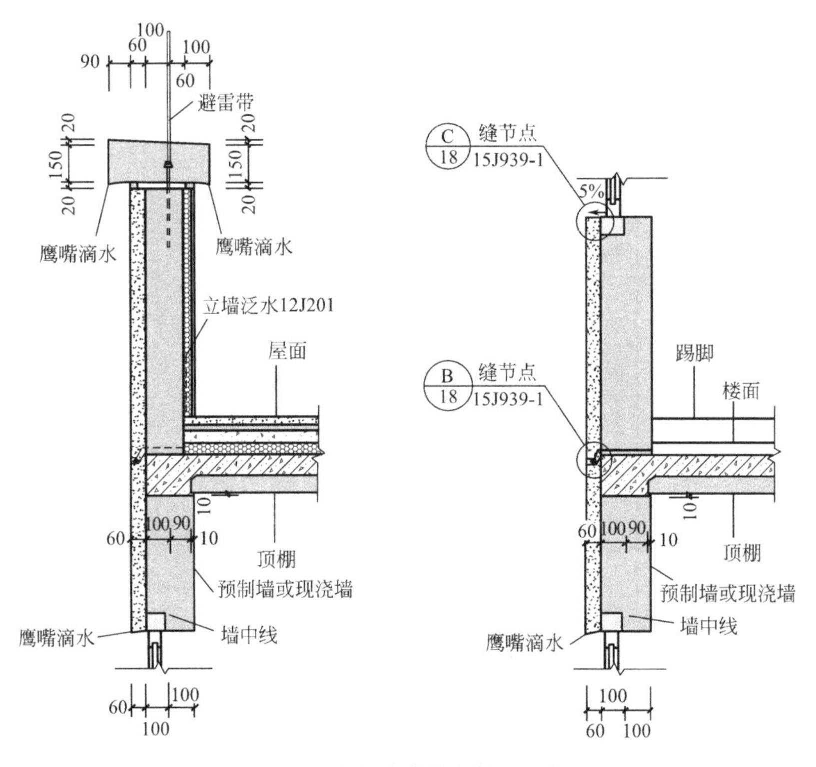

图 4-4　女儿墙建筑大样图示意

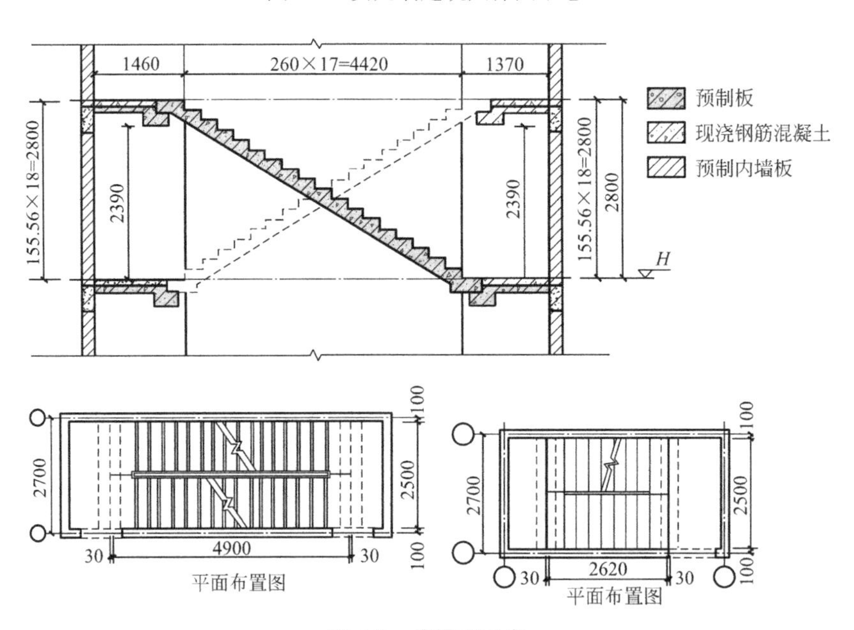

图 4-5　楼梯图示意

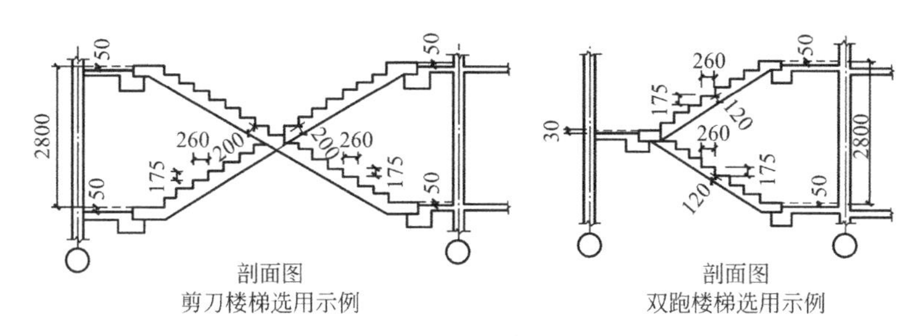

图 4-5 楼梯图示意（续）

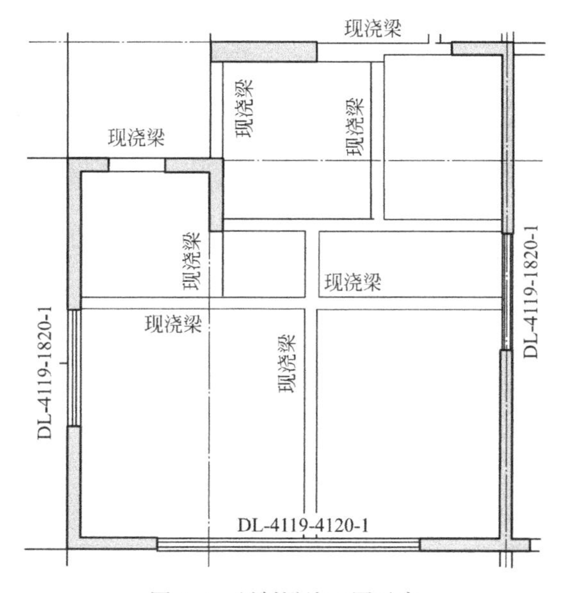

图 4-6 预制梁施工图示意

引起的水平荷载和竖向荷载的墙体，在结构体系中可防止结构剪切（受剪）破坏，如图 4-10～图 4-12 所示。

《预制混凝土剪力墙外墙板》15G365-1 图集规定，外墙板表达方式为：

WQ ××-××××-××××-××××
　　①　　②　　　③　　　④

WQ：预制外墙板代号；

① ××：2 个字母或数字，代表外墙板类型，见表 4-1；

② ××××：代表外墙板标志高度、建筑层高，单位为 dm；

③ ××××：代表外墙板内第一个门窗洞口的宽度和高度，单位为 dm；

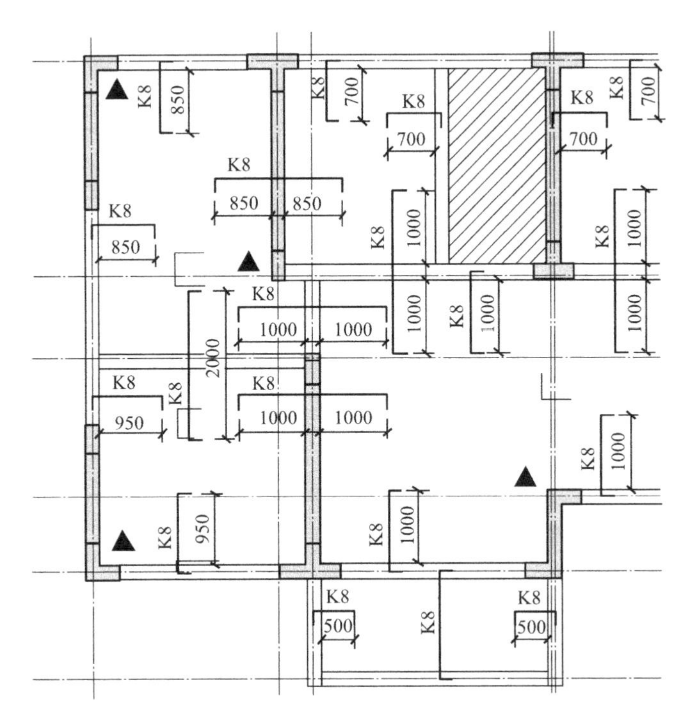

图 4-7　现浇板施工图示意

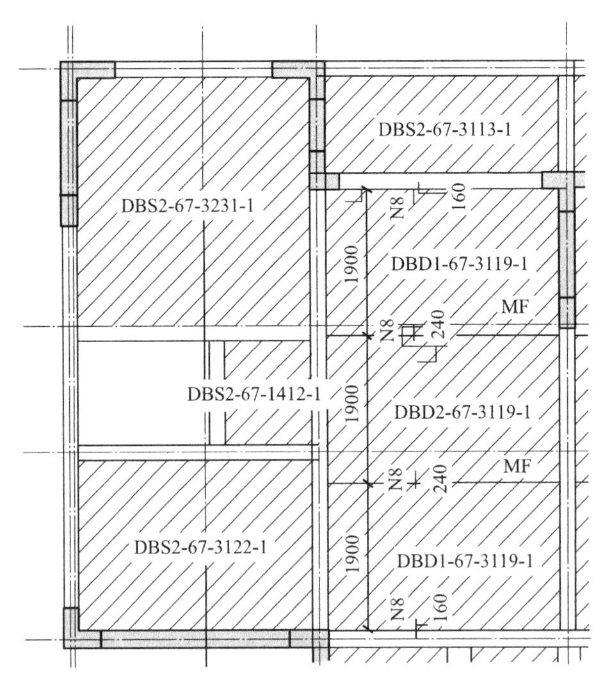

图 4-8　叠合板施工图示意

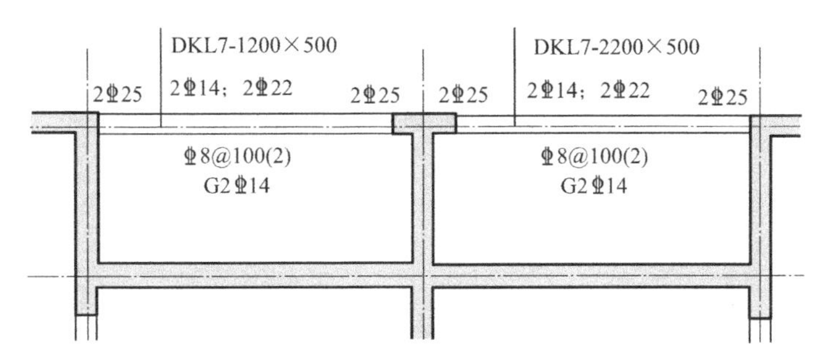

图 4-9　现浇梁施工图示意

图 4-10　预制外墙板示意图（一）

图 4-11　预制外墙板示意图（二）

图 4-12　预制外墙板示意图（三）

④ ××××：代表外墙板内第二个门窗洞口的宽度和高度，单位为 dm。

预制外墙板代号示例　　**表 4-1**

墙板类型	代号	墙板编号示例	标志宽度（mm）	层高（mm）	门窗宽（mm）	门窗高（mm）	门窗宽（mm）	门窗高（mm）
外墙无洞	WQ	WQ-2428	2400	2800				
外墙带一窗洞（高窗台）	WQC1	WQC1-3328-1514	3300	2800	1500	1400		
外墙带一窗洞（矮窗台）	WQCA	WQCA-3329-1417	3300	2900	1500	1700		
外墙带两窗洞	WQC2	WQC2-4830-0615-1515	4800	3000	600	1500	1500	1500
外墙带一门洞	WQM	WQM-3628-1823	3600	2800	1800	2300		

2）内墙板

《预制混凝土剪力墙内墙板》15G365-2 图集规定，内墙板表达方式为：

NQ ××-××××-××××
　　①　　②　　　③

NQ：预制内墙板代号；

① ××：2 个字母或数字，代表内墙板类型，如表 4-2 所示；

② ××××：4 个数字，代表内墙板标志高度、建筑层高，单位为 dm；

③××××：4 个数字，代表内墙板内门窗洞口的宽度和高度，单位为 dm。

预制内墙板代号示例　　表 4-2

墙板类型	代号	墙板编号示例	标志宽度（mm）	层高（mm）	门窗宽（mm）	门窗高（mm）
无洞内墙	NQ	NQ-2128	2100	2800		
固定门垛内墙	NQM1	NQM1-3028-0921	3000	2800	900	2100
中间门洞内墙	NQM2	NQM2-3029-1022	3000	2900	1000	2200
刀把内墙(无垛)	NQM3	NQM3-3330-1022	3300	3000	1000	2200

3）双向受力叠合板用底板

预制混凝土叠合楼板是由预制的底板和现浇钢筋混凝土层叠合而成的装配整体式楼板，预制的底板（图 4-13）既是楼板结构的组成部分之一，又是现浇钢筋混凝土叠合层的永久性底模。

图 4-13　预制双向受力叠合板用底板示意图

叠合楼板后浇混凝土叠合层内压预先设置的钢筋称之为桁架钢筋，其做法如图 4-14 所示。

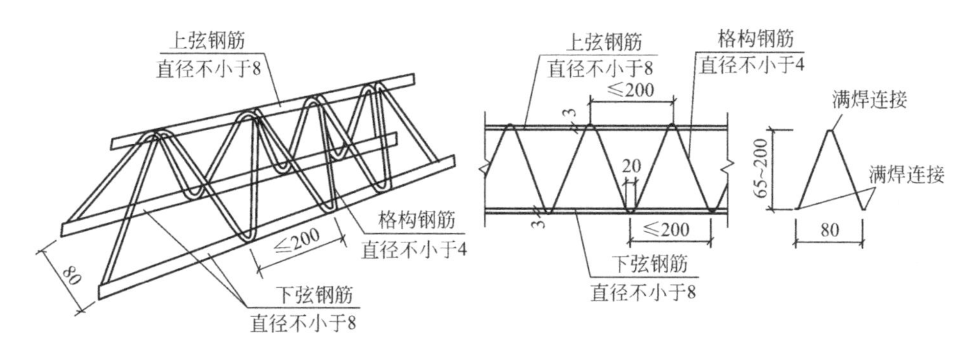

图 4-14　叠合层内设置的桁架钢筋示意图

现浇钢筋混凝土叠合层内可敷设水平设备管线，如图 4-15 所示。

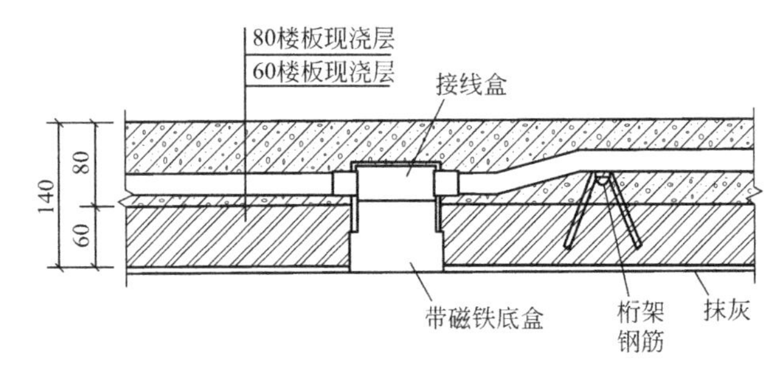

图 4-15　叠合层内可敷设水平设备管线示意图

《预制混凝土叠合板》15G366-1 图集规定，双向受力叠合板用底板表达方式为：

DBS ×-× ×-××-××-××-δ
① ② ③ ④ ⑤ ⑥

DBS：叠合板用底板代号（双向板）；

① ×：叠合板类型，1 代表边板，2 代表中板；

② ×：预制底板厚度，单位为 cm（15G366-1 为 6）；

③ ×：后浇叠合板厚度，单位为 cm（15G366-1 为 7/8/9）；

④ ××：标志跨度，单位为 dm（可为 30～60，以 3dm 进制）；

⑤ ××：标志宽度，单位为 dm（可为 12/15/18/20/24）；

⑥ ××：板底跨度及宽度方向钢筋代号，如表 4-3 所示。

δ：调整宽度。

双向受力叠合板用底板钢筋代号表　　表 4-3

钢筋代号	跨度方向配筋	宽度方向配筋
11	Φ8@200	Φ8@200
21	Φ8@150	Φ8@200
22	Φ8@150	Φ8@150
31	Φ10@200	Φ8@200
32	Φ10@200	Φ8@150
41	Φ10@150	Φ8@200
42	Φ10@150	Φ8@150
43	Φ10@150	Φ8@100

4）单向受力叠合板用底板

《预制混凝土叠合板》15G366-1图集规定，单向受力叠合板用底板表达方式为：

DBD <u>×</u> <u>×</u>-<u>××</u> -<u>××</u>-<u>×</u>

①②③④⑤

DBD：叠合板用底板代号（单向板）；

① ×：预制底板厚度，单位为cm（15G366-1为6）；

② ×：后浇叠合板厚度，单位为cm（15G366-1为7/8/9）；

③ ××：标志跨度，单位为dm（可为27～42，以3dm进制）；

④ ××：标志宽度，单位为dm（可为12/15/18/20/24）；

⑤ ×：板底跨度及宽度方向钢筋代号，如表4-4所示。

单向受力叠合板用底板钢筋代号表　　**表4-4**

钢筋代号	1	2	3	4
受力钢筋规格及间距	Φ8@200	Φ8@150	Φ10@200	Φ10@150
分布钢筋规格及间距	Φ6@200	Φ6@200	Φ6@200	Φ6@200

5）预制钢筋混凝土叠合梁

预制钢筋混凝土叠合梁是指梁底部分先预制，待预制板安装就位后，再现浇梁上部叠合层部分而形成的装配整体式梁，如图4-16所示。

图4-16　叠合梁示意图

叠合梁表达方式为：

DL <u>×</u>-<u>×</u> <u>×</u>-<u>××</u> <u>××</u>-<u>××</u>-<u>××</u> <u>××</u>

①②③④⑤⑥⑦⑧

DL：预制钢筋混叠合梁用底梁；

① ×：叠合梁类别：1代表边梁，2代表中梁；

② ×：预制底梁厚度，单位为 cm；
③ ×：后浇叠合层厚度，单位为 cm；
④ ××：标志跨度，单位为 dm；
⑤ ××：标志宽度，单位为 dm；
⑥ ××：梁底跨度钢筋箍筋标记号；
⑦ ××：梁挑耳宽度，单位为 cm；
⑧ ××：梁挑耳高度，单位为 cm

6）预制钢筋混凝土楼梯

（1）双跑楼梯。如图 4-17 所示。

图 4-17　预制钢筋混凝土楼梯示意图

双跑楼梯表达方式为：

$$\text{ST-}\underset{①}{\underline{××}}\text{-}\underset{②}{\underline{××}}$$

ST：双跑楼梯代号；
① ××：层高，单位为 dm；
② ××：楼梯间净宽，单位为 dm。

（2）剪刀楼梯。剪刀楼梯图示方式为：

$$\text{JT-}\underset{①}{\underline{××}}\text{-}\underset{②}{\underline{××}}$$

JT：剪刀楼梯代号；
① ××：层高，单位为 dm；
② ××：楼梯间净宽，单位为 dm。

7）预制钢筋混凝土阳台板

（1）预制阳台。如图 4-18 所示。

图4-18 预制钢筋混凝土阳台板示意图

预制阳台表达方式为：

YTB-×-××-××-××
① ② ③ ④

YTB：预制阳台代号；

① ×：类型代号（D、B、L），D型代表叠合板式阳台；B型代表全预制板式阳台；L型代表全预制梁式阳台；

② ××：阳台板悬挑长度（结构尺寸dm），相对于剪力墙外表面挑长；

③ ××：阳台板宽度对应房间开间的轴线尺寸，单位为dm；

④ ××：封边高度。04代表400mm，08代表800mm。

（2）预制梁式阳台。预制梁式阳台表达方式为：

YTB-L-×-××-××
① ② ③

YTB-L：预制梁式阳台代号；

① ×：类型代号（D、B、L），D型代表叠合板式阳台；B型代表全预制板式阳台；L型代表全预制梁式阳台；

② ××：阳台板悬挑长度（结构尺寸dm），相对于剪力墙外表面挑长；

③ ××：阳台板宽度对应房间开间的轴线尺寸（dm）；

8）预制钢筋混凝土空调板

预制空调板表达方式为：

KTB-××-×××
① ②

KTB：预制空调板代号；

① ××：空调板构件长度，单位为cm；

② ×××：空调板构件宽度，单位为 cm。

9）预制钢筋混凝土女儿墙

预制钢筋混凝土女儿墙表达方式为：

NEQ -××-××-××
①　②　③

NEQ：预制钢筋混凝土女儿墙代号；

① ××：预制女儿墙类型（J1、J2、Q1、Q2），J1 型代表夹心保温式女儿墙（直板），J2 型代表夹心保温式女儿墙（转角板），Q1 型代表非保温式女儿墙（直板），Q2 型代表非保温式女儿墙（转角板）；

② ××：预制女儿墙长度，单位为 dm；

③ ××：预制女儿墙高度，单位为 dm，从屋顶结构层标高算起 600mm 表示为 06；1400mm 表示为 14。

3. 装配式混凝土结构连接构造与计算要点

工程量计算的清单规则和定额规则，规定了预制构件安装工程量按成品构件设计图示尺寸的实体积以"m^3"计算，后浇混凝土浇捣工程量按设计图示尺寸以实体积计算，不扣除混凝土内钢筋、预埋铁件及单个面积小于等于 0.3 m^2 的孔洞等所占体积，扣除空心板空洞体积。

对比以往计算现浇混凝土工程量的经验，在柱、梁、墙、板的连接处往往都有扣减关系，都与连接处构造密切相关。因而，读懂预制装配式混凝土结构连接构造是准确计算预制装配式混凝土构件工程量的关键。

（1）预制装配式混凝土结构梁与柱连接构造如图 4-19 所示。从图中可以明确：预制柱算至梁底，预制叠合梁底梁算至柱侧，梁上预制板算至柱侧，中间部分（注明混凝土图例的）计算后浇混凝土梁、柱接头。

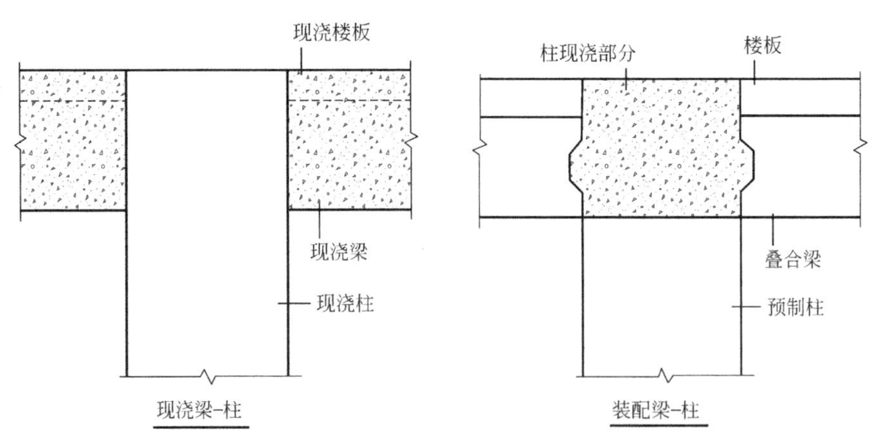

图 4-19　梁与柱连接示意图

（2）预制装配式混凝土结构主次梁连接构造如图 4-20 所示。从图中可以明确：全预制叠合次梁底梁算至主梁侧，次梁底梁上放置预制板，预制叠合主梁上部计算后浇混凝土叠合梁。

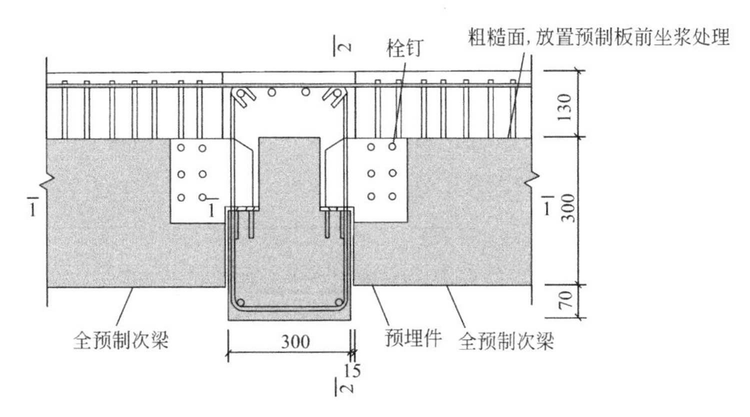

图 4-20　搁置式主次梁连接示意图

（3）预制装配式混凝土结构梁与板连接构造如图 4-21 所示。从图中可以明确：全预制叠合板底板和后浇混凝土板叠合层算至主梁侧，中间部分（注明混凝土图例的）计算后浇混凝土叠合梁，而且需内置钢筋（图 4-22）。

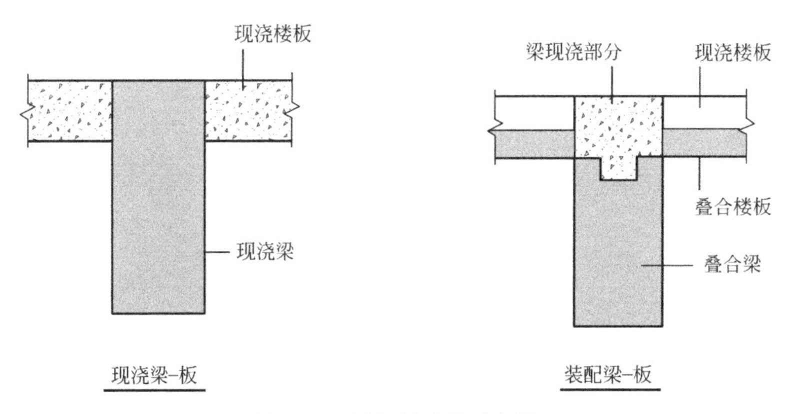

图 4-21　梁与板连接示意图

（4）预制装配式混凝土结构梁与墙连接构造如图 4-23 所示。从图中可以明确：墙由预制混凝土墙身和现浇混凝土墙身两部分构成，工程量应分别计算。叠合梁上部计算后浇混凝土叠合梁、板。

（5）预制装配式混凝土结构墙与板连接构造如图 4-24 所示。从图中可以明确：上下层墙板之间应计算后浇混凝土连接墙，叠合楼板上部计算后浇混凝土叠合板。接缝大样如图 4-25 所示。

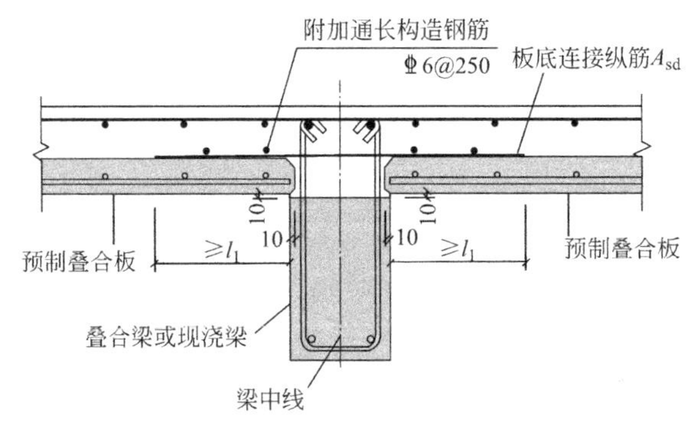

图 4-22　梁与板连接大样示意图

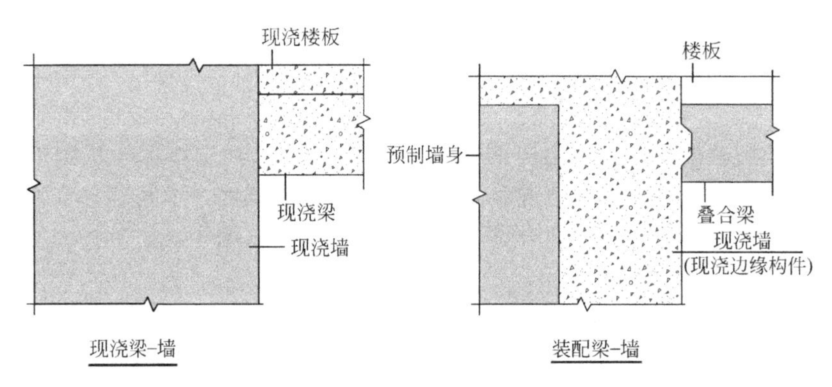

图 4-23　梁与墙连接示意图

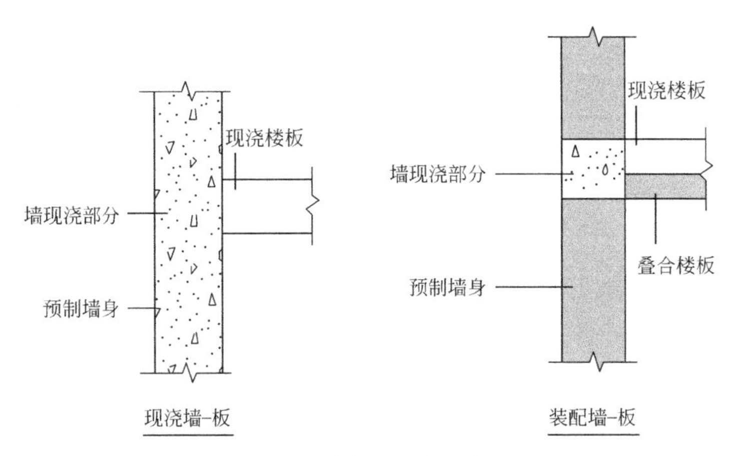

图 4-24　墙与板连接示意图

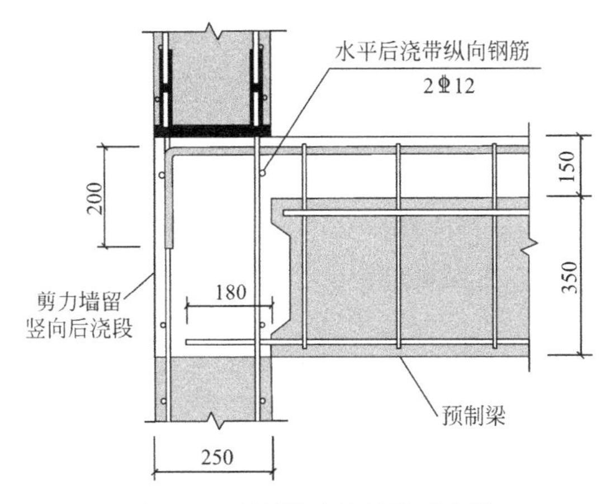

图 4-25　预制剪力墙接缝示意图

4.1.3　计量示例

【例 4-1】　预制剪力墙板模板图如图 4-26 所示，试列项并计算单块板的工程量。

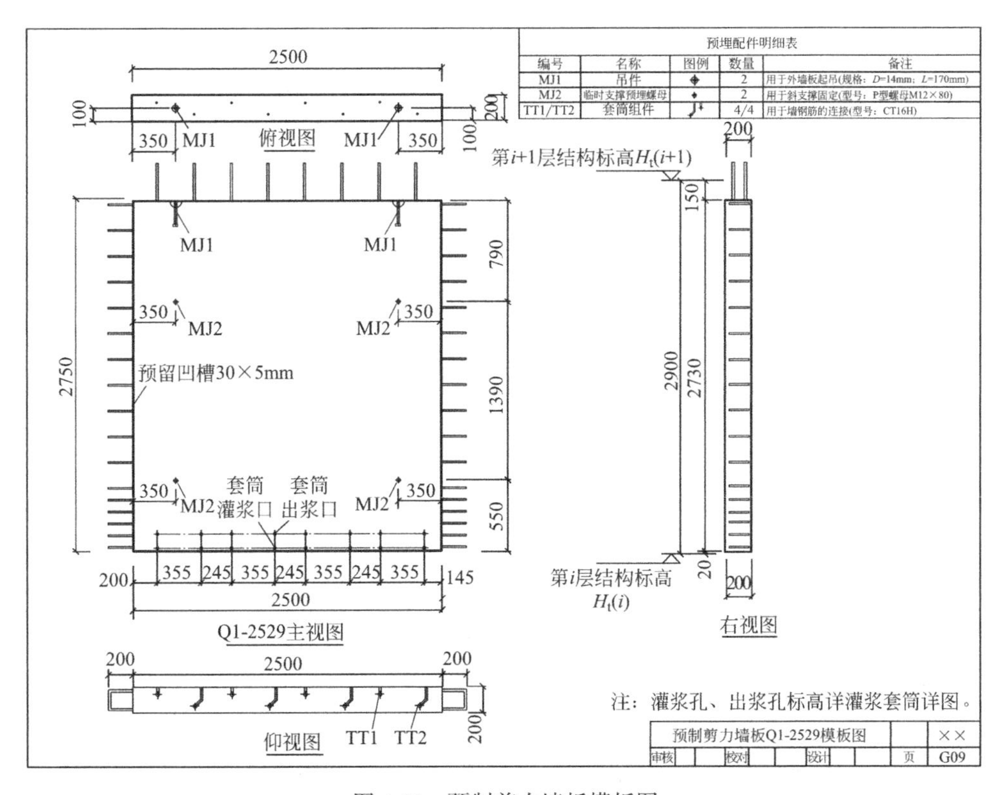

图 4-26　预制剪力墙板模板图

【解】 查本书3.1.1节预制混凝土构件清单项目表，2013《清单计量规范》暂缺预制混凝土墙项目，可查表3-4，用“大型板”代用，清单编码“010512007001”，项目名称为“大型板-预制剪力墙板”，可按“m^3”或“块”计算。

查本书3.1.1节表3-9，定额编号“7-1-6”，项目名称“实心剪力墙外墙板 墙厚≤200mm”，按“$10m^3$”计算。

清单规则和定额规则均规定：若以“m^3”计算的，按设计图示尺寸以体积计算，则本例计算得：

清单工程量：$2.9\times2.5\times0.2=1.45$（$m^3$）

定额工程量：$2.9\times2.5\times0.2/10=0.145$（$10m^3$）

工作内容包括：支撑杆连接件预埋，结合面清理，构件吊装、就位、校正、垫实、固定，接头钢筋调直，构件打磨，坐浆料铺筑，填缝料填缝，搭设及拆除钢支撑，如图4-27所示。

图4-27 外墙板装配工作内容示意图

4.2 装配式混凝土结构计价

4.2.1 定额应用说明

1）本章定额包括预制混凝土构件安装和后浇混凝土浇捣两节，共48个定额项目。

2）本定额所称的装配式混凝土结构工程，指预制混凝土构件通过可靠的连接方式装配而成的混凝土结构，包括装配整体式混凝土结构、全装配混凝土结构。

3）预制构件安装：

（1）构件安装不分构件外形尺寸、截面类型以及是否带有保温，除另有规定者外，均按构件种类套用相应定额。

（2）构件安装定额已包括构件固定所需临时支撑的搭设及拆除，支撑（含支撑用预埋铁件）种类、数量及搭设方式综合考虑。

（3）柱、墙板、女儿墙等构件安装定额中，构件底部坐浆按砌筑砂浆铺筑考虑，遇设计考虑灌浆料的，除灌浆材料单价换算以及扣除干混砂浆罐式搅拌机台班（含机上人工费、动力费）外，每 $10m^3$ 构件安装定额另行增加人工费 66.50 元，其余不变。

（4）外挂墙板、女儿墙构件安装设计要求接缝处填充保温板时，相应保温板消耗量按设计要求增加计算，其余不变。

（5）墙板安装定额不分是否带有门窗洞口，均按相应定额执行。凸（飘）窗安装定额适用于单独预制的凸（飘）窗安装，依附于外墙板制作的凸（飘）窗，并入外墙板内计算，相应定额人工和机械用量乘系数 1.2。

（6）外挂墙板定额已综合考虑了不同连接方式，按构件不同类型及厚度套用相应定额。

（7）楼梯休息平台安装按平台板结构类型不同，分别套用整体楼板或叠合楼板相应定额，相应定额人工、机械以及除预制混凝土楼板外的材料用量乘系数 1.3。

（8）阳台板不分板式或梁式，均套用统一定额。空调板安装定额适用于单独预制的空调板安装，依附于阳台板制作的栏板、翻沿、空调板，并入阳台板内计算。非悬挑的阳台板安装，分别按梁、板安装有关规则计算并套用定额。

（9）女儿墙安装按构件净高以 0.6m 以内和 1.4m 以内分别编制，1.4m 以上时套用外墙板安装定额。压顶安装定额适用于单独预制的压顶安装，依附于女儿墙制作的压顶，并入女儿墙计算。

（10）套筒注浆不分部位、方向，按锚入套筒内的钢筋直径不同，以 $\phi18$ 以内及 $\phi18$ 以上分别编制。

（11）外墙嵌缝、打胶定额中注胶缝的断面按 20mm×15mm 编制，若设计断面与定额不同时，密封胶用量按比例调整，其余不变。定额中的密封胶按硅酮耐候胶考虑，如设计采用的种类与定额不同时，可按设计采用的种类换算材料单价。

4）后浇混凝土浇捣：

（1）后浇混凝土指装配整体式结构中，用于与预制混凝土构件连接形成整体构件的现场浇筑混凝土。

（2）墙板或柱等预制垂直构件之间设计采用现浇混凝土墙连接的，当连接墙的长度在 2m 以内时，套用后浇混凝土连接墙、柱定额，长度超过 2m 时，连接墙、柱按现行《房屋建筑与装饰工程消耗量定额》中“混凝土及钢筋混凝土工程”的相应项目及规定执行。

(3) 叠合楼板或整体楼板之间设计采用现浇混凝土板带拼缝的，板带混凝土浇捣并入后浇混凝土叠合梁、板内计算。

(4) 后浇混凝土钢筋制作、安装定额按钢筋品种、型号、规格结合连接方法及用途划分，相应定额内的钢筋型号以及比例已综合考虑，各类钢筋的制作成型、绑扎、安装、接头、固定以及与静构件外露钢筋的绑扎、焊接等所用人工、材料、机械消耗已综合考虑在相应定额内。钢筋接头按现行《房屋建筑与装饰工程消耗量定额》中“混凝土及钢筋混凝土工程”的相应项目规定执行。

4.2.2 清单与定额的列项举例

总结本书第3章清单项目与定额项目，对于装配式建筑混凝土结构工程的计价，列项时供读者参考的对应关系如表4-5所示。

清单分项与定额分项的对应关系 **表4-5**

清单内容	编码范围	数量	定额内容	编码范围	数量
预制混凝土构件制作、运输、安装	010509～010514	24	预制混凝土构件安装	7-1-1～7-1-25	25
			套筒注浆	7-1-26～7-1-27	2
			嵌缝、打胶	7-1-28	1
现浇混凝土构件制作、浇筑、振捣、养护	010502～010508	33	后浇混凝土浇捣	7-1-29～7-1-32	4
现浇混凝土钢筋	010515001	1	后浇混凝土钢筋	7-1-33～7-1-48	16

4.2.3 装配式钢筋混凝土结构计价应注意的特点

预制装配式整体钢筋混凝土结构包括装配整体式钢筋混凝土框架结构、框架-剪力墙结构、剪力墙及框架-筒体结构，该系列结构体系的工艺特点为：竖向承重构件框架柱、剪力墙采用现浇方式；水平结构构件采用叠合梁、叠合楼板；外墙采用预制外挂墙板，内墙采用预制内墙板，一般包含墙体保温，外墙装饰等内容；楼梯、阳台、空调板、雨篷板采用预制构件。

1. 叠合梁板的计价关键点

叠合梁板分预制和现浇两部分，在编制招标控制价时，预制构件通常情况下按“成品采购＋运输＋吊装＋税金及其他”组价，则现浇部分需特别注意与装配式部分的作业分界面，避免重复计价，楼面叠合梁板施工工艺。

（1）钢筋工程量计算时，现浇部分梁钢筋只需计算梁的上部钢筋（下部为预制构件），板只需计算面筋及支座负筋（下部为预制构件）。

（2）混凝土、模板计算时，叠合板只需计算现浇部分，叠合梁计算的高度为板厚，预制部分已包含在预制构件中。

（3）模板与支模架计算时，根据装配式建筑项目施工工艺流程，装配式部分模板，叠合梁板的模板只需计算未靠墙边梁的现浇高度的侧模，叠合板处不再计算模板。

（4）一般预制墙体，尤其是外墙均包含保温，外墙装饰部分，施工图预算编制中不再另行计算。

2. 安装部分计价的关键点

根据装配式建筑的特点，预制墙体部分内的强、弱电穿线管均在工厂制造时按设计图预留埋设到位，编制施工图预算时不再重复计算该部分工程量，但楼地面的管线预埋仍需按设计图进行埋设，地面预埋均在预制楼面安装完成现浇部分施工前，因此仅需计算工程量。

3. 临时道路措施增加计价

装配式建筑中的预制构件部分均为成品运输，不仅载重大，且运输车辆所需的转弯半径较大，定额中是按普通建筑结构形式来确定临时道路费用的，即安全文明施工增加费中包括的临时道路宽度及其硬化处理是不能满足装配式建筑临时道路需求的，在编制该部分费用时建议咨询相关的专业人员，拟定施工组织设计，根据经确认的施工组织中现场临时道路设计参数要求，据实计算临时道路的综合费用，同时扣除定额中已包含的临时道路费用。

依据类似项目编制过程中咨询和整理的数据，定额中临时路费用扣除时，建议计算参考数据为安全文明施工费中包含的临时道路，按 3.5m 宽，0.25m 厚及普通硬化处理。

4. 预制构件定价与施工图预算

预制构件为根据施工图设计进行成品订购，其订购费用包含的内容随着项目不同、业主洽谈意向不同而不同，在进行招标控制价编制时必须先行与建设单位沟通，清楚地了解当前项目中建设单位要求包含至预制构件的费用内容，不得重复计提相关费用。

结合在装配式建筑招标控制价的编制过程中积累和总结的资料分析，预制构件的采购一般是以建筑面积为基础，按以下两种不同的采购要求进行定价，同时调整主体施工图预算内容以避免重复计算。

（1）预制构件定价包含制作、安装、运输、吊装、内外墙防水勾缝、外墙面砖、保温、垂直运输费、规费、税金等一切费用，并由预制构件的安装施工单位承担主体施工中的垂直运输费（含现浇部分的垂直运输）。

在预制构件按以上模式定价的情况下，在主体施工图预算中则不需要另行计算塔吊的运输台班，进出场费、塔吊的安拆及基础费，以及外墙装修的脚手架费用。

（2）预制构件定价仅包含材料费，不包括其他费用。此定价模式即可看做为成品材料的采购，在施工图预算中则应另外计取相应预制构件的安装费、措施项目费（如预制楼板的支撑架、塔吊及施工电梯等措施费）以及预制墙板与现绕柱墙连接处的处理费用，且其他分部分项（如现浇构件）施工内容则应该按相应计量计价规则计取相应的措施费用。

5. 招标工程量清单编制中特别要注意的问题

在装配式建筑招投标预算编制中，要特别注意叠合梁处梁高的建模处理，以避免清单工程量的误差。如叠合梁板截面尺寸为200mm×500mm，设计板厚为130mm，现浇层厚度为70mm，预制厚度为60mm，则在工程量计算时要特别注意：叠合梁处建模时，梁高应按板厚（130mm）建模，板厚应按现浇高度（70mm）建模，按此方式，现浇混凝土的量没问题，但相应此部位的砌体墙在扣减梁的高度时将只扣减板厚130mm，为扣减预制部分的量，即墙体装修将多计。

4.2.4 计价示例

【例 4-2】 某市安置房项目，规划总用地面积74728m^2，总建筑面积221889m^2，其中地上建筑面积177339m^2，地下建筑面积44550m^2。项目主体为17栋高层筑宅。配套地下车库及相应设施。该项目17栋高层筑宅楼全部采用装配整体式混凝土剪力墙结构，安置房层高2800mm，所有预制剪力墙高度统一为2780mm。预制剪力墙宽度从1200～3000mm，每隔300mm设置一个规格，小于1200mm采用现浇方式处理。该项目装配式建筑比例100%，单体预制率40%。PC构件设于标准层，主要预制构件为预制剪力墙，预制非承重墙，预制阳台板，预制楼梯，预制叠合板等。根据设计文件及施工要求，编制其工程量清单如表4-6所示。

某市安置房项目预制构件工程量清单 **表 4-6**

序号	项目编码	项目名称	项目特征	计量单位	工程数量
1	010512007001	大型板：A类预制剪力墙	1. 单件体积：0.668m^3 2. 单件尺寸：1200mm×2780mm 3. 混凝土强度等级：C40	块	32

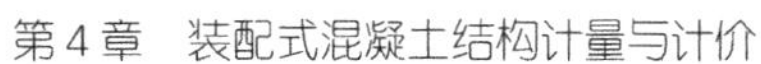

续表

序号	项目编码	项目名称	项目特征	计量单位	工程数量
2	010512007002	大型板：A类预制剪力墙	1. 单件体积：0.832m^3 2. 单件尺寸：1500mm×2780mm 3. 混凝土强度等级：C40	块	32
3	010512007003	大型板：A类预制剪力墙	1. 单件体积：1.0m^3 2. 单件尺寸：1800mm×2780mm 3. 混凝土强度等级：C40	块	128
4	010512007004	大型板：A类预制剪力墙	1. 单件体积：1.168m^3 2. 单件尺寸：2100mm×2780mm 3. 混凝土强度等级：C40	块	48
5	010512007005	大型板：A类预制剪力墙	1. 单件体积：1.332m^3 2. 单件尺寸：2400mm×2780mm 3. 混凝土强度等级：C40	块	96
6	010512007006	大型板：A类预制剪力墙	1. 单件体积：1.50m^3 2. 单件尺寸：3700mm×2780mm 3. 混凝土强度等级：C40	块	32
7	010512007007	大型板：A类预制剪力墙	1. 单件体积：1.668m^3 2. 单件尺寸：3000mm×2780mm 3. 混凝土强度等级：C40	块	64
8	010512007008	大型板：B类预制填充墙	1. 单件体积：1.668m^3 2. 单件尺寸：1200mm×2780mm 3. 混凝土强度等级：C40	块	64
9	010512007009	大型板：B类预制填充墙	1. 单件体积：0.552m^3 2. 单件尺寸：1500mm×2780mm（有窗） 3. 混凝土强度等级：C40	块	64
10	010512007010	大型板：B类预制填充墙	1. 单件体积：0.70m^3 2. 单件尺寸：2100mm×2780mm（有窗） 3. 混凝土强度等级：C40	块	32
11	010512007011	大型板：B类预制填充墙	1. 单件体积：0.96m^3 2. 单件尺寸：2400mm×2780mm（有窗） 3. 混凝土强度等级：C40	块	64

续表

序号	项目编码	项目名称	项目特征	计量单位	工程数量
12	010512007012	大型板：B类预制填充墙	1. 单件体积：0.936m^3 2. 单件尺寸：2700mm×2780mm（有窗） 3. 混凝土强度等级：C40	块	32
13	010512007013	大型板：B类预制填充墙	1. 单件体积：1.552m^3 2. 单件尺寸：3300mm×2780mm（有窗） 3. 混凝土强度等级：C40	块	32
14	010512007014	大型板：B类预制填充墙	1. 单件体积：0.42m^3 2. 单件尺寸：1600mm×2780mm（有窗） 3. 混凝土强度等级：C40	块	32
15	010512007015	大型板：B类预制填充墙	1. 单件体积：0.68m^3 2. 单件尺寸：2200mm×2780mm（有窗） 3. 混凝土强度等级：C40	块	32
16	010512007016	大型板：B类预制填充墙	1. 单件体积：0.924m^3 2. 单件尺寸：2800mm×2780mm（有窗） 3. 混凝土强度等级：C40	块	32
17	010512006001	带肋板：C类预制阳台	1. 单件体积：1.884m^3 2. 单件尺寸：3500mm×1700mm 3. 混凝土强度等级：C30	块	64
18	010512006002	带肋板：C类预制阳台	1. 单件体积：1.812m^3 2. 单件尺寸：3300mm×1700mm 3. 混凝土强度等级：C30	块	34
19	010512006003	带肋板：C类预制阳台	1. 单件体积：1.664m^3 2. 单件尺寸：3300mm×1500mm 3. 混凝土强度等级：C30	块	34
20	010512007017	大型板：D类预制楼板	1. 单件体积：0.796m^3 2. 单件尺寸：2800mm×2100mm 3. 混凝土强度等级：C30	块	34
21	010512007018	大型板：D类预制楼板	1. 单件体积：0.372m^3 2. 单件尺寸：2700mm×2200mm 3. 混凝土强度等级：C30	块	102

续表

序号	项目编码	项目名称	项目特征	计量单位	工程数量
22	010512007019	大型板：D类预制楼板	1. 单件体积：0.54m^3 2. 单件尺寸：2800mm×3100mm 3. 混凝土强度等级：C30	块	32
23	010512007020	大型板：D类预制楼板	1. 单件体积：0.328m^3 2. 单件尺寸：3100mm×1700mm 3. 混凝土强度等级：C30	块	68
24	010512007021	大型板：D类预制楼板	1. 单件体积：0.388m^3 2. 单件尺寸：3100mm×2000mm 3. 混凝土强度等级：C30	块	68
25	010512007022	大型板：D类预制楼板	1. 单件体积：0.484m^3 2. 单件尺寸：3100mm×2500mm 3. 混凝土强度等级：C30	块	102
26	010512007023	大型板：D类预制楼板	1. 单件体积：0.54m^3 2. 单件尺寸：3100mm×2800mm 3. 混凝土强度等级：C30	块	34
27	010512007024	大型板：D类预制楼板	1. 单件体积：0.504m^3 2. 单件尺寸：3400mm×2600mm 3. 混凝土强度等级：C30	块	68
28	010512001001	平板：E类预制空调板	1. 单件体积：0.284m^3 2. 单件尺寸：1200mm×600mm 3. 混凝土强度等级：C30	块	102
29	010512001002	平板：E类预制空调板	1. 单件体积：0.36m^3 2. 单件尺寸：2400mm×600mm 3. 混凝土强度等级：C30	块	102
30	010513001001	F类预制楼梯	1. 单件体积：0.78m^3 2. 单件尺寸：2920mm×1180mm 3. 混凝土强度等级：C30	块	64

试取表4-6中第1项“A类预制剪力墙，单件体积0.668m^3，单件尺寸1200mm×2780mm，混凝土强度等级C40，数量32块”组价计算综合单价和分部分项工程费。

【解】（1）组价分析

查阅“010512007”清单项，工作内容包括：①模板制作、安装、拆除、堆放、运输及清理板内杂物、刷隔离剂等；②混凝土制作、运输、浇筑、振捣、养护；③构件运输、安装；④砂浆制作、运输，⑤接头灌缝、养护。则匹配的定额项目单位估价表如表 4-7 所示。

剪力墙安装定额的单位估价表 **表 4-7**

工作内容：支撑杆连接件预埋，结合面清理，构件吊装、就位、校正、垫实、固定、接头钢筋调直、构件打磨、坐浆料铺筑、填缝料填缝，搭设和拆除钢支撑。 计量单位：10m³

定额编号				7-1-6	7-1-7	7-1-8	7-1-9
项目名称				实心剪力墙			
				外墙板		内墙板	
				墙厚（mm）			
				≤200	>200	≤200	>200
基价（元）				1224.57	937.30	979.76	761.37
其中	人工费（元）			1222.63	935.36	978.01	759.62
	材料费（元）			—	—	—	—
	机械费（元）			1.94	1.94	1.75	1.75
类别	名称	单位	单价（元）	数量			
材料	预制混凝土外墙板	m³	—	10.050	10.050	—	—
	预制混凝土内墙板	m³	—	—	—	10.050	10.050
	垫铁	t	—	0.013	0.010	0.010	0.008
	干混砌筑砂浆 DM M20	m³	—	0.100	0.100	0.090	0.090
	PE 棒	m	—	40.751	31.242	52.976	40.615
	垫木	m³	—	0.012	0.012	0.010	0.010
	斜支撑杆件 Φ48×3.5	套	—	0.487	0.373	0.377	0.289
	预埋铁件	t	—	0.009	0.007	0.007	0.006
	定位钢板	t	—	0.005	0.005	0.004	0.004
	其他材料费	%	—	0.600	0.600	0.600	0.600
机械	干混砂浆罐式搅拌机 公称储量 20000L	台班	193.93	0.010	0.010	0.009	0.009

从表 4-7 的表头中看到，某地剪力墙安装定额的工作内容已满足了清单项大型板“010512007”对工作内容的要求。

（2）未计价材费计算

从表 4-7 中看到，材料费为“—”，也就是“0”，是因为表中所列材料都是“未计价材”，必须根据当动的市场价格确定材料单价后新组价计算。通过询价知，符合表 4-7 中所列材料的单价如表 4-8 所示。

材料单价询价表 表4-8

项次	名称	单位	单价（元）
1	预制混凝土外墙板	m^3	483.00
2	预制混凝土内墙板	m^3	456.00
3	垫铁	t	4100.00
4	干混砌筑砂浆 DM M20	m^3	396.00
5	PE棒	m	18.00
6	垫木	m^3	1200.00
7	斜支撑杆件 Φ48×3.5	套	130.00
8	预埋铁件	t	4130.00
9	定位钢板	t	4080.00

据此，定额项目“7-1-6”中未计价材费计算如表4-9所示。

未计价材费计算表 表4-9

项次	名称	单位	单价（元）	定额消耗量	材料费（元）
1	预制混凝土外墙板	m^3	483.00	10.05	4854.15
3	垫铁	t	4100.00	0.013	53.30
4	干混砌筑砂浆 DM M20	m^3	396.00	0.1	39.60
5	PE棒	m	18.00	40.751	733.52
6	垫木	m^3	1200.00	0.012	14.40
7	斜支撑杆件 ϕ48×3.5	套	130.00	0.487	63.31
8	预埋铁件	t	4130.00	0.009	37.17
9	定位钢板	t	4080.00	0.005	20.40
	1～9项合计				5815.85
10	其他材料费	%		0.600	34.90
	未计价材合计				5850.74

（3）综合单价计算

本列综合单价组价为清单“010512007 A类预制剪力墙”1项对应定额“7-1-6 实心剪力墙外墙板，墙厚≤200mm”1项。清单工程量为1块，定额工程量为0.668m^3，人工费单价1222.63元/10m^3，材料费单价5850.74元/10m^3，机械费单价1.94元/10m^3，则综合单价列式计算如下：

人工费＝0.668/10/1×1222.63＝81.67（元/块）

材料费＝0.668/10/1×5850.74＝390.83（元/块）

机械费＝0.668/10/1×1.94＝0.13（元/块）

管理费＝（81.67＋0.13×8%）×33%＝26.95（元/块）

利润＝（81.67＋0.13×8%）×20%＝16.34（元/块）

综合单价＝81.67＋390.83＋0.13＋26.95＋16.34＝515.92（元/块）

（4）分部分项工程费计算

表4-6中第1项“A类预制剪力墙”，清单工程量为32块，则：

分部分项工程费＝32×515.92＝16509.44（元）

注：本例由于资料收集欠缺，忽略了套筒注浆和嵌缝、打胶的计价，建议读者在具备详细设计资料时将此两项组价到预制剪力墙板安装清单项目中。

本章小结

由于《建设工程工程量清单计价规范》和《计价定额》在装配式混凝土结构每一个分项工程项目上规定的工作范围、工作内容有所不同，工程量计算时应特别注意每一构件的构造组成、施工工艺的不同，区分预制构件和后浇混凝土，根据清单规则和定额规则正确计算工程量。

根据住房城乡建设部《关于印发〈装配式建筑工程消耗量定额〉的通知》（建标〔2016〕291号），现阶段《装配式建筑工程消耗量定额》与《房屋建筑与装饰工程消耗量定额》配套使用，由于装配式建筑的特殊性，现行《房屋建筑与装饰工程工程量计算规范》GB 50854—2013和《装配式建筑工程消耗量定额》中针对装配式建筑工程的分部分项工程项目划分，特征描述和工程量计算规则适用性不强，导致在具体项目上招标人编制清单和投标人编制报价都有难度。因而现阶段运用清单项目只能是代用，须根据装配式建筑的施工顺序、工艺特点补充清单项目的特征描述。

习题与思考题

4.1 清单规则与定额规则有哪些差异。

4.2 装配式混凝土结构施工图识读应注意哪些问题。

4.3 装配式混凝土结构在构件连接上有何特点？工程量如何计算。

4.4 对于装配式混凝土结构计价，定额说明规定了哪些内容。

第 5 章　装配式钢结构计量与计价

装配式钢结构工程包括预制钢构件和钢结构围护体系。本章介绍装配式钢结构工程的清单工程量与定额工程量计算规则，以及综合单价组价方法。

5.1　装配式钢结构计量

5.1.1　工程量计算规则

1. 清单规则

（1）钢网架：按设计图示尺寸以质量计算。不扣除孔眼的质量，焊条、铆钉、螺栓等不另增加质量

（2）钢屋架、钢托架、钢桁架、钢桥架：以榀计量的，按设计图示数量计算；以吨计量的，按设计图示尺寸以质量计算。不扣除孔眼的质量，焊条、铆钉、螺栓等不另增加质量。

（3）钢柱：按设计图示尺寸以质量计算。不扣除孔眼的质量，焊条、铆钉、螺栓等不另增加质量，依附在钢柱上的牛腿及悬臂梁等并入钢柱工程量内。

（4）钢梁：按设计图示尺寸以质量计算。不扣除孔眼的质量，焊条、铆钉、螺栓等不另增加质量，制动梁、制动板、制动桁架、车挡并入钢吊车梁工程量内。

（5）钢板楼板：按设计图示尺寸以铺设水平投影面积计算。不扣除单个小于等于 0.3m^2 柱、垛及孔洞所占面积。

（6）钢板墙板：按设计图示尺寸以铺挂面积计算。不扣除单个小于等于 0.3m^2 的梁、孔洞所占面积，包角、包边、窗台泛水等不另增加面积。

（7）钢构件：按设计图示尺寸以质量计算，不扣除孔眼的质量，焊条、铆钉、螺栓等不另增加质量。

（8）钢漏斗、钢板天沟：按设计图示尺寸以质量计算，不扣除孔眼的质量，焊条、铆钉、螺栓等不另增加质量，依附漏斗或天沟的型钢并入漏斗或天沟工程量内。

（9）成品空调金属百页护栏、成品栅栏：按设计图示尺寸以框外围展开面积计算。

（10）成品雨篷：以米计量的，按设计图示接触边以米计算；以“m^2”计量的，按设计图示尺寸以展开面积计算。

（11）金属网栏：按设计图示尺寸以框外围展开面积计算。

2. 定额规则

1）预制钢构件安装

（1）构件安装工程量按成品构件的设计图示尺寸以质量计算，不扣除单个面积小于等于 $0.3m^2$ 的孔洞质量，焊缝、铆钉、螺栓等不另增加质量。

（2）钢网架工程量不扣除孔眼的质量，焊缝、铆钉等不另增加质量。焊接空心球网架质量包括连接钢管杆件、连接球、支托和网架支座等零件的质量，螺栓球节点网架质量包括连接钢管杆件（含高强螺栓、销子、套筒、锥头或封板）、螺栓球、支托和网架支座等零件的质量。

（3）依附在钢柱上的牛腿及悬臂梁的质量等并入钢柱的质量内，钢柱上的柱脚板、加劲板、柱顶板、隔板和肋板并入钢柱工程量内。

（4）钢管柱上的节点板、加强环、内衬板（管）、牛腿等并入钢管柱的质量内。

（5）钢平台的工程量包括钢平台的柱、梁、板、斜撑等的质量，依附于钢平台上的钢扶梯及平台栏杆，并入钢平台工程量内。

（6）钢楼梯的工程量包括楼梯平台、楼梯梁、楼梯踏步等的质量，钢楼梯上的扶手、栏杆并入钢楼梯工程量内。

（7）钢构件现场拼装平台摊销工程量按实施拼装构件的工程量计算。

2）围护体系安装

（1）钢楼层板、屋面板、冷弯薄壁型钢龙骨按设计图示尺寸的铺设面积计算，不扣除单个面积 $\leqslant 0.3m^2$ 的柱、垛及孔洞所占面积。

（2）硅酸钙板墙面板按设计图示尺寸的墙体单面面积以"m^2"计算，不扣除单个面积 $\leqslant 0.3m^2$ 的孔洞所占面积。

（3）镀锌钢丝网墙面板、屋面板按设计图示尺寸的墙体单面面积以"m^2"计算，不扣除单个面积小于等于 $0.3m^2$ 的柱、垛及孔洞所占面积。

（4）保温岩棉铺设、EPS 混凝土浇灌、轻质颗粒磷石膏混凝土浇灌按设计图示尺寸的铺设或浇灌体积以"m^3"计算，不扣除单个面积小于等于 $0.3m^2$ 的孔洞所占体积。

（5）硅酸钙板包柱、包梁及蒸压砂加气保温块贴面工程量按钢构件设计断面尺寸以"m^2"计算。

（6）钢板天沟按设计图示尺寸以质量计算，依附天沟的型钢并入天沟的质量内计算；不锈钢天沟、彩钢板天沟按设计图示尺寸以长度计算。

5.1.2 图示要点

装配式钢结构采用型钢为骨架，以钢板为连接件，组合成柱、梁、屋架和桁

架等构件，如图 5-1 所示。

图 5-1　装配式钢结构

装配式钢结构图示也有特别的规定，现简要介绍如下。

（1）扁钢：用"—宽度×厚度"表示，如"—200×7"。单位质（重）量如表 5-1 所示。

扁钢单位质量表　　**表 5-1**

宽度（mm）	厚度（mm）									
	4	5	6	7	8	9	10	11	12	14
	每米质（重）量									
12	0.38	0.47	0.57	0.66	0.75					
14	0.44	0.55	0.66	0.77	0.88					
16	0.50	0.63	0.75	0.88	1.00	1.15	1.26			
18	0.57	0.71	0.85	0.99	1.13	1.27	1.41			
20	0.63	0.79	0.94	1.10	1.26	1.41	1.57	1.73	1.88	
22	0.69	0.86	1.04	1.21	1.38	1.55	1.73	1.90	2.07	
25	0.79	0.98	1.18	1.37	1.57	1.77	1.96	2.16	2.36	2.75
28	0.88	1.10	1.32	1.54	1.76	1.98	2.20	2.42	2.64	3.08
30	0.94	1.18	1.41	1.65	1.88	2.12	2.36	2.59	2.83	3.30
32	1.01	1.25	1.50	1.76	2.01	2.26	2.54	2.76	3.01	3.51
36	1.13	1.41	1.69	1.97	2.26	2.51	2.82	3.11	3.39	3.95
40	1.26	1.57	1.88	2.20	2.51	2.83	3.14	3.45	3.77	4.40
45	1.41	1.77	2.12	2.47	2.83	3.18	3.53	3.89	4.24	4.95
50	1.57	1.96	2.36	2.75	3.14	3.53	3.93	4.32	4.71	5.50
56	1.76	2.20	2.64	3.08	3.52	3.95	4.39	4.83	5.27	6.15
60	1.88	2.36	2.83	3.30	3.77	4.24	4.71	5.18	5.65	6.59
63	1.98	2.47	2.97	3.46	3.95	4.45	4.94	5.44	5.93	6.92
65	2.04	2.55	3.06	3.57	4.08	4.59	5.10	5.61	6.12	7.14
70	2.20	2.75	3.30	3.85	4.40	4.95	5.50	6.04	6.59	7.69
75	2.36	2.94	3.53	4.12	4.71	5.30	5.89	6.48	7.07	8.24
80	2.51	3.14	3.77	4.40	5.02	5.65	6.28	6.91	7.54	8.79
85	2.67	3.34	4.00	4.67	5.34	6.01	6.67	7.34	8.01	9.34
90	2.83	3.53	4.24	4.95	5.65	6.36	7.07	7.77	8.48	9.89
100	3.14	3.93	4.71	5.50	6.28	7.07	7.85	8.64	9.42	10.99

(2) 工字钢：用“工＋号数”表示。单位质（重）量如表 5-2 所示。

普通工字钢单位质量表 **表 5-2**

号数	高	宽	厚	质量 (kg/m)	号数	高	宽	厚	质量 (kg/m)
	(mm)					(mm)			
10	100	68	4.5	11.2	36甲	360	136	10.0	59.9
12	120	74	5.0	14.0	36乙		138	12.0	65.6
14	140	80	5.5	16.9	36丙		140	14.0	71.2
16	160	88	6.0	20.5	40甲	400	142	10.5	67.7
18	180	94	6.5	24.1	40乙		144	12.5	73.8
20甲	200	100	7.0	27.9	40丙		146	14.5	80.1
20乙		102	9.0	31.1	40甲	450	150	11.5	80.4
22甲	220	110	7.5	33.0	40乙		152	13.5	87.4
22乙		112	9.5	36.4	40丙		154	15.5	91.5
24甲	240	116	8.0	37.4	50甲	500	158	12	93.6
24乙		118	10.0	41.2	50乙		160	14.0	101.0
27甲	270	122	8.5	42.8	50丙		162	16.0	109.0
27乙		124	10.5	47.1	55甲	550	166	12.5	105.0
30甲	300	126	9.0	48.0	55乙		168	14.5	114.0
30乙		128	11.0	52.7	55丙		170	16.5	123.0
30丙		130	13.0	57.4	60甲	600	176	13.0	118.0
33甲	330	130	9.5	53.4	60乙		178	15.0	128.0
33乙		132	11.5	58.6	60丙		180	17.0	137.0
33丙		134	13.5	63.8					

(3) 槽钢：用“[＋号数”表示。单位质（重）量如表 5-3 所示。

普通槽钢单位质量表 **表 5-3**

号数	高	腿长	腹厚	质量 (kg/m)	号数	高	腿长	腹厚	质量 (kg/m)
	(mm)					(mm)			
5	50	37	4.5	5.44	14甲	140	58	6.0	14.53
6.5	65	40	4.8	6.70	14乙		60	8.0	16.73
8	80	43	5.0	8.04	16甲	160	63	6.5	17.23
10	100	48	5.3	10.00	16乙		65	8.5	19.74
12	120	53	5.5	12.06	18甲	180	68	7.0	20.17

续表

号数	高	腿长	腹厚	质量 (kg/m)	号数	高	腿长	腹厚	质量 (kg/m)
	(mm)					(mm)			
18乙	180	70	9.0	22.99	30丙	300	89	11.5	43.81
20甲	200	73	7.0	22.63	33甲	330	88	8.0	38.7
20乙		75	9.0	25.77	33乙		90	10.0	43.88
22甲	220	77	7.0	24.99	33丙		92	12.0	49.06
22乙		73	9.0	28.45	36甲	360	96	9.0	47.8
24甲	240	78	7.0	26.55	36乙		98	11.0	53.45
24乙		80	9.0	30.62	36丙		100	13.0	59.10
24丙		82	11.0	34.36	40甲	400	100	10.5	58.91
30甲	300	85	7.5	34.45	40乙		102	12.5	65.19
30乙		87	9.5	39.16	40丙		104	14.5	71.47

（4）钢管：用“Φ+直径”表示。单位质（重）量如表5-4所示。

焊接钢管单位质量表 **表5-4**

直径		近似内径 (mm)	管壁厚 (mm)	外径 (mm)	表面积 (m^2/m)	质量 (kg/m)
(mm)	英寸					
13	1/2	15	2.75	21.25	0.067	1.25
20	3/4	20	2.75	26.75	0.084	1.63
25	1	25	3.25	33.50	0.105	2.42
32	1 1/4	32	3.25	42.25	0.133	3.13
38	1 1/2	40	3.5	48.00	0.151	3.84
50	2	50	3.50	60	0.189	4.88
63	2 1/2	70	3.75	75.50	0.237	6.64
75	3	80	4.00	88.50	0.278	8.34
90	3 1/2	93.2	4.00	101.20	0.318	9.50
100	4	106	4.00	114.00	0.358	10.85
125	5	131	4.50	140.00	0.44	15.40
150	6	156	4.50	165.00	0.518	17.81
200	8	207	6.00	219.00	0.688	31.52
250	10	259	7.00	273.00	0.858	45.92
300	12	309	8.00	325.00	1.020	62.54

（5）角钢：分等边和不等边。等边用“L宽度×厚度”表示，不等边用

“L宽度×宽度×厚度”表示，如“L 75×50×6”。

角钢的单位质（重）量如表 5-5、表 5-6 所示。

等边角钢的单位质量表 **表 5-5**

尺寸（mm）		断面积（cm²）	质量（kg/m）	尺寸（mm）		断面积（cm²）	质量（kg/m）
边宽	边厚			边宽	边厚		
20	3	1.13	0.89	56	3	3.34	2.62
	4	1.46	1.15		4	4.39	3.45
25	3	1.43	1.12		5	5.42	4.25
	4	1.86	1.46		8	8.37	6.57
30	3	1.75	1.37	63	4	4.98	3.91
	4	2.28	1.79		5	6.14	4.82
	5	2.78	2.18		6	7.29	5.72
32	3	1.86	1.46		8	9.52	7.47
	4	2.43	1.91		10	11.66	9.15
35	4	2.67	2.10	70	4	5.57	4.37
	5	3.28	2.57		5	6.88	5.40
36	3	2.11	1.65		6	8.16	6.41
	4	2.76	216		8	9.42	7.40
	5	3.38	2.65		10	10.67	8.37
38	4	2.88	2.26	75	5	7.37	5.82
	5	3.55	2.79		6	8.80	6.91
40	3	2.36	1.85		7	10.61	7.98
	4	3.09	2.42		8	11.50	9.03
	5	3.79	2.98		10	14.13	11.09
	6	4.48	3.52	80	5	7.91	6.21
45	3	2.66	2.09		6	9.00	7.38
	4	3.49	2.74		7	10.86	8.53
	5	4.29	3.37		8	12.30	9.66
	6	5.08	3.99	90	6	10.64	8.35
50	3	2.97	2.33		7	12.30	9.66
	4	3.90	3.06		8	13.94	10.95
	5	4.80	3.77		10	17.17	13.48
	6	5.69	4.47		12	20.31	15.94
					14	23.40	18.40

续表

尺寸（mm）		断面积（cm^2）	质量（kg/m）	尺寸（mm）		断面积（cm^2）	质量（kg/m）
边宽	边厚			边宽	边厚		
100	6	11.93	9.37	140	14	37.57	29.49
	7	13.80	10.83		16	42.54	33.39
	8	15.64	12.28	150	12	34.90	27.40
	10	19.26	15.12		14	40.40	31.70
	12	22.80	17.90		16	45.80	36.00
	14	26.26	20.61		18	51.10	40.10
	16	29.63	23.26		20	56.40	44.30
110	7	15.20	11.93	180	12	42.24	33.16
	8	17.24	13.53		14	48.90	38.38
	10	21.26	16.69		16	55.47	43.54
	12	25.20	19.78		18	61.96	48.63
120	10	23.30	18.30	200	14	54.58	42.89
	12	27.60	21.70		16	62.00	48.68
	14	31.90	25.10		18	69.30	54.40
	16	36.10	28.40		20	76.50	60.06
	18	40.30	31.60	220	14	60.38	47.30
130	10	25.30	19.80		16	68.40	53.83
	12	30.00	23.60		20	84.50	66.43
	14	34.70	27.30		24	100.40	78.80
	16	39.30	30.90		28	115.90	91.00
140	10	27.37	21.49	250	16	78.40	61.55
	12	32.51	25.52		18	87.72	68.86
					20	96.96	76.12

不等边角钢的单位质量表　　　　表 5-6

尺寸（mm）			断面积（cm^2）	质量（kg/m）	尺寸（mm）			断面积（cm^2）	质量（kg/m）
边长	短边	边厚			边长	短边	边厚		
25	16	3	1.16	0.91	32	20	3	1.49	1.17
		4	1.50	1.18			4	1.94	1.52
30	20	3	1.43	1.12	35	20	3	2.06	1.62
		4	1.86	1.46			4	2.52	1.98

续表

尺寸（mm）			断面积（cm^2）	质量（kg/m）
边长	短边	边厚		
40	25	3	1.89	1.48
		4	2.49	1.94
45	30	4	2.88	2.26
		6	4.81	3.28
50	32	3	2.42	1.90
		4	3.17	2.49
56	36	4	3.58	2.81
		5	4.41	3.46
60	40	5	4.83	3.79
		6	5.72	4.49
		8	7.44	5.84
63	40	4	4.04	3.17
		5	4.98	3.91
		6	5.90	4.64
		9	7.68	6.03
70	45	4.5	5.07	3.98
		5	5.60	4.39
75	50	5	6.11	4.80
		6	7.25	5.69
		8	9.47	7.43
		10	11.60	9.11
80	50	5	6.36	5.00
		6	7.55	5.92
80	55	6	7.85	6..16
		8	10.30	8.06
		10	12.60	9.90
90	56	5.5	7.86	6.17
		6	8.54	6.70
		8	11.17	8.77
100	75	8	13.50	10.60
		10	16.70	13.10
		12	19.70	15.50
120	80	8	15.60	12.20
		10	19.20	15.10
		12	22.80	17.90
130	90	8	17.20	13.50
		10	21.30	16.70
		12	25.20	19.80
		14	29.10	22.80
150	100	10	24.30	19.10
		12	28.80	22.60
		14	33.30	26.20
		16	37.70	29.60
180	120	12	34.90	27.40
		14	40.40	31.70
		16	45.80	35.90
200	120	12	37.30	29.20
		14	43.20	33.90
		16	49.00	38.40

（6）钢板：常用作连接件，一般用厚度表示，如“－10”，即为10mm厚钢板。如“－8×205×210”。质（重）量＝面积×厚×单位质（重）重，钢材的单位质（重）量7850kg/m^3，多边形钢板的面积按外接最小的矩形面积计算。

5.1.3 计量示例

【例 5-1】 按图 5-2 所示，计算钢楼梯工程量。

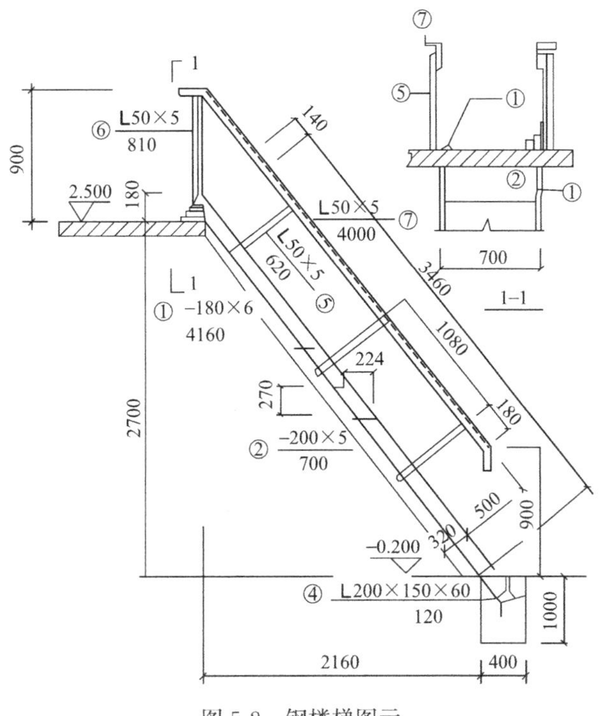

图 5-2 钢楼梯图示

【解】 图示钢楼梯采用了扁钢、等边角钢等型钢，按图上编号及说明计算如下：

①号构件，—180×6，为宽 180mm 厚 6mm 的扁钢，图上标注长 4160mm，用作钢楼梯斜肋，有 2 条，在表 5-1 查不到，计算的每米理论质（重）量为

$$0.18\times0.06\times7850=8.478\text{kg/m}$$

则工程量计算得

$$4.16\times2\times8.478=70.54\text{kg}$$

②号构件，—200×5，为宽 200mm 厚 5mm 的扁钢，图上标注长 700mm，用作钢楼梯踏步板，有 4 条，在表 5-1 查不到，计算的每米理论质（重）量为

$$0.2\times0.05\times7850=7.85\text{kg/m}$$

则工程量计算得

$$0.7\times4\times7.85=21.98\text{kg}$$

④号构件，L 200×150×6，为宽 200mm 和 150mm，厚 6mm 的不等边角钢，图上标注长 120mm，有 2 条，在表 5-6 查不到，计算得每米理论质（重）量为

$$(0.2\times0.006+0.144\times0.006)\times7850=16.20\text{kg/m}$$

则工程量计算得

$$0.12\times2\times16.20=3.888\text{kg}$$

⑤号构件，L 50×5，为宽50mm厚5mm的等边角钢，图上标注长620mm，用作钢楼梯斜立杆，有6条，查表5-5知，每米理论质（重）量为3.77kg/m，则工程量计算得：

$$0.62\times6\times3.77=14.02\text{kg}$$

⑥号构件，L 50×5，为宽50mm厚5mm的等边角钢，图上标注长810mm，用作钢楼梯直立杆，有2条，查表5-5知，每米理论质（重）量为3.77kg/m，则工程量计算得：

$$0.81\times2\times3.77=6.11\text{kg}$$

⑦号构件，L 50×5，为宽50mm厚5mm的等边角钢，图上标注长4000mm，用作钢楼梯斜扶手，有2条，查表5-5知，每米理论质（重）量为3.77kg/m，则工程量计算得：

$$4.0\times2\times3.77=30.16\text{kg}$$

钢楼梯工程量计算得

$$70.54+21.98+3.888+14.02+6.11+30.16=146.7\text{kg}$$

【例5-2】 按图5-3所示，计算柱间钢支撑工程量。查表5-6知：不等边角钢L 75×50×6每米理论质（重）量为5.69kg/m。

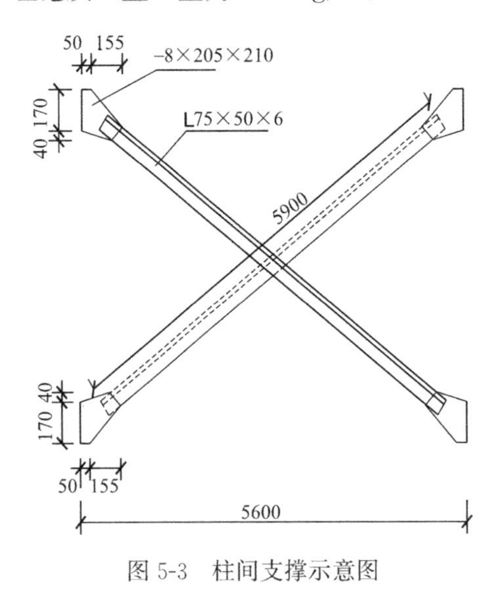

图5-3 柱间支撑示意图

【解】 不等边角钢质量：$5.9\times2_{\text{根}}\times5.69=67.14\text{kg}$

钢板面积：(0.05＋0.155)×(0.17＋0.04)×4＝0.1772m^2

钢板质量：0.1772×0.008×7850＝10.81kg

或者，按图中引出线标明的（－8×205×210），也就是钢板厚8mm，外接最小的矩形面积为205mm×210mm，则多边形钢板的质量为

0.008×0.205×0.210×4×7850＝10.81kg

柱间钢支撑工程量：67.14＋10.81＝77.95kg

5.2 装配式钢结构计价

5.2.1 定额应用说明

1）本章定额包括预制钢构件安装和围护体系安装两节，共74个定额项目。

2）装配式钢结构安装包括钢网架安装、厂（库）房钢结构安装、住宅钢结构安装及钢结构围护体系安装等内容。大卖场、物流中心等钢结构安装工程，可参照厂（库）房钢结构安装的相应定额；高层商务楼、商住楼等钢结构安装工程，可参照住宅钢结构安装相应定额。

3）本章定额相应项目所含油漆，仅指构件安装时节点焊接或因切割引起的补漆。预制钢构件的除锈、油漆及防火涂料的费用应在成品价格内包含；若成品价格未包含油漆及防火涂料费用时，应另行计算。

4）预制钢构件安装

（1）构件安装定额中预制钢构件以外购成品编制，不考虑施工损耗。

（2）预制钢结构构件安装，按构件种类及重量不同套用定额。

（3）不锈钢螺栓球网架安装套用螺栓球节点网架安装定额，同时取消定额中油漆及稀释剂含量，人工消耗量乘系数0.95。

（4）钢支座定额适用于单独成品支座安装。

（5）厂（库）房钢结构的柱间支撑、屋面支撑、系杆、撑杆、隅撑、墙梁、钢天窗架等安装套用钢支撑（钢檩条）安装定额，钢走道安装套用钢平台安装定额。

（6）零星钢构件安装定额，适用于本章未列项目且单件质量在25kg以内的小型钢构件安装。

（7）厂（库）房钢结构安装的垂直运输已包括在相应定额内，不另行计算。住宅钢结构安装定额内的汽车式起重机台班用量为钢构件现场转运消耗量，垂直运输按《装配式建筑工程消耗量定额》第五章“措施项目”相应项目执行。

（8）组合钢板剪力墙安装套用住宅钢结构3t以内钢柱安装定额，相应定额人工、机械及除预制柱外的材料用量乘系数1.5。

（9）钢构件安装项目中已考虑现场拼装费用，但未考虑分块或整体吊装的钢网架、钢桁架地面平台拼装摊销，如发生，套用现场拼装平台摊销定额项目。

5）围护体系安装

（1）钢楼层板混凝土浇捣所需收边板的用量，均已包括在相应定额的消耗量中，不单独计算。

（2）墙面板包角、包边、窗台泛水等所需增加的用量，均已包括在相应定额的消耗量中，不单独计算。

（3）硅酸钙板墙面板项目中双面隔墙定额墙体厚度按 180mm 考虑，其中镀锌钢龙骨用量按 $15kg/m^2$ 编制，设计与定额不同时材料可调整换算，其他不变。

（4）钢楼承体系的冷弯薄壁型钢梁龙骨的薄壁型钢用量按 $20kg/m^2$、墙维护体系的冷弯薄壁型钢龙骨按 $7kg/m^2$、冷弯薄壁型钢屋面龙骨按 $10kg/m^2$，系列按 90 系列编制，设计与定额不同时可以调整换算龙骨消耗量，其他不变。

（5）冷弯薄壁型钢龙骨中用的拉条、拉杆费用已计入其他材料费。

（6）不锈钢天沟、彩钢板天沟展开宽度为 600mm，若实际展开宽度与定额不同时，板材按比例调整，其他不变。

5.2.2 清单与定额的列项举例

总结本书第 3 章清单项目与定额项目，对于装配式建筑钢结构工程的计价，列项时供读者参考的对应关系如表 5-7 所示。

清单分项与定额分项的对应关系 **表 5-7**

清单内容	编码范围	数量	定额内容	编码范围	数量
钢网架拼装、安装	010601001	1	预制钢网架安装	7-2-1～7-2-3	3
			预制钢支座安装	7-2-4～7-2-6	3
			现场拼装平台摊销	7-2-36	1
钢屋架（托架）拼装、安装	010602001	1	预制钢屋架（钢托架）安装	7-2-7～7-2-11	5
			现场拼装平台摊销	7-2-36	1
钢桁架拼装、安装	010602003	1	预制钢桁架安装	7-2-12～7-2-17	6
			现场拼装平台摊销	7-2-36	1
钢柱拼装、安装	010603	3	预制钢柱安装	7-2-18～7-2-21	4
			住宅钢柱安装	7-2-37～7-2-40	4
			现场拼装平台摊销	7-2-36	1
钢梁拼装、安装	010604001	1	预制钢梁安装	7-2-22～7-2-25	4
			住宅钢梁安装	7-2-41～7-2-44	4
			现场拼装平台摊销	7-2-36	1

续表

清单内容	编码范围	数量	定额内容	编码范围	数量
钢吊车梁拼装、安装	010604002	1	预制钢吊车梁安装	7-2-26～7-2-29	4
			现场拼装平台摊销	7-2-36	1
钢板楼梯拼装、安装	010605001	1	钢楼梯安装	7-2-31～7-2-32	2
			住宅钢楼梯安装	7-2-49	1
			现场拼装平台摊销	7-2-36	1
钢支撑（钢檩条）拼装、安装	010606001～010606002	2	钢支撑（钢檩条）安装	7-2-33	1
			住宅钢支撑安装	7-2-45～7-2-48	4
			现场拼装平台摊销	7-2-36	1
钢墙架拼装、安装	010606005	1	钢墙架安装	7-2-34	1
			现场拼装平台摊销	7-2-36	1
钢走道拼装、安装	010606007	1	钢走道安装	7-2-30	1
			现场拼装平台摊销	7-2-36	1
零星钢构件拼装、安装	010606013	1	零星钢构件安装	7-2-36	1
			住宅零星钢构件安装	7-2-50	1
			现场拼装平台摊销	7-2-36	1
钢板楼板拼装、安装	010605001	1	钢楼承体系安装	7-2-51～7-2-54	4
			现场拼装平台摊销	7-2-36	1
钢板墙板拼装、安装	010605002	1	墙围护体系安装	7-2-55～7-2-65	11
			现场拼装平台摊销	7-2-36	1

5.2.3 计价示例

【例 5-3】 某住宅装配式钢结构建筑，编制踏步式钢板楼梯工程量清单如表 5-8 所示。试计算该分项工程的综合单价及分部分项工程费。

钢板楼梯工程量清单　　表 5-8

序号	项目编码	项目名称	项目特征	计量单位	工程数量
1	010605001001	钢板楼梯	钢材品种、规格：－180×6 扁钢，－200×5 扁钢，L 200×150×6 角钢，L 50×5 角钢 钢板厚度：5mm 钢楼梯形式：踏步式	m^2	3.24

注：计算得定额工程量为 0.44t。

【解】（1）查用定额

查阅《装配式建筑工程消耗量定额》，与“010605001001 钢板楼梯”相对应定额的单位估价表如表 5-9 所示。

钢板楼梯定额的单位估价表　　表 5-9

计量单位：t

定额编号				7-2-31	7-2-32
项目名称				钢楼梯安装	
				踏步式	爬式
基价（元）				816.61	1245.12
其中	人工费（元）			573.04	963.95
	材料费（元）			—	—
	机械费（元）			243.57	281.17
类别	名称	单位	单价（元）	数量	
材料	钢楼梯（踏步式）	t	—	1.000	
	钢楼梯（爬式）	t	—		1.000
	环氧富锌底漆	kg	—	2.120	4.240
	低合金钢焊条 E43 系列	kg	—	3.461	5.191
	六角螺栓	kg	—	3.570	—
	氧气	m^3	—	0.880	1.430
	乙炔气	m^3	—	0.264	0.429
	吊装夹具	套	—	0.020	0.020
	钢丝绳 Φ12	kg	—	3.280	3.280
	垫木	m^3	—	0.026	0.026
	稀释剂	kg	—	0.170	0.339
	其他材料费	%	—	0.500	0.500
机械	汽车式起重机 20t	台班	996.33	0.195	0.208
	交流弧焊机 32kV·A	台班	160.03	0.308	0.462

（2）材料费计算

通过询价知，符合表 5-9 中“7-2-31 踏步式钢楼梯安装”所列材料的单价如表 5-10 所示。

材料单价询价表　　表 5-10

项次	名称	单位	单价（元）
1	钢楼梯（踏步式）	t	5200.00
2	钢楼梯（爬式）	t	5150.00

续表

项次	名称	单位	单价（元）
3	环氧富锌底漆	kg	14.60
4	低合金钢焊条 E43 系列	kg	8.36
5	六角螺栓	kg	12.50
6	氧气	m^3	3.65
7	乙炔气	m^3	27.00
8	吊装夹具	套	130.00
9	钢丝绳 Φ12	kg	8.50
10	垫木	m^3	1200.00
11	稀释剂	kg	12.56

据此，定额项目“7-2-31 踏步式钢楼梯安装”中未计价材费计算如表 5-11 所示。

未计价材费计算表　　表 5-11

项次	名称	单位	单价（元）	定额消耗量	材料费（元）
1	钢楼梯（踏步式）	t	5200	1.000	5200.00
2	环氧富锌底漆	kg	14.6	2.120	30.95
3	低合金钢焊条 E43 系列	kg	8.36	3.461	28.93
4	六角螺栓	kg	12.5	3.570	44.63
5	氧气	m^3	3.65	0.880	3.21
6	乙炔气	m^3	27	0.264	7.13
7	吊装夹具	套	130	0.020	2.60
8	钢丝绳 Φ12	kg	8.5	3.280	27.88
9	垫木	m^3	1200	0.026	31.20
10	稀释剂	kg	12.56	0.170	2.14
	以上 10 项合计				5378.67
11	其他材料费	%		0.500	26.89
	未计价材合计				5405.56

（3）综合单价计算

本列综合单价组价为清单“010605001001 钢板楼梯”1 项对应定额“7-2-31 踏步式钢楼梯安装”1 项。清单工程量为 3.24m^2，定额工程量为 0.44t，人工费单价 573.04 元/t，材料费单价 5405.56 元/t，机械费单价 243.57 元/t，则综合单价列式计算如下：

人工费＝0.44/3.24×573.04＝77.82（元/m^2）

材料费＝0.44/3.24×5405.56＝734.09（元/m^2）

机械费＝0.44/3.24×243.57＝33.08（元/m^2）

管理费＝（77.82＋33.08×8%）×33%＝26.55（元/m^2）

利润＝（77.82＋33.08×8%）×20%＝16.09（元/m^2）

综合单价＝77.82＋734.09＋33.08＋26.55＋16.09＝887.63（元/m^2）

（4）分部分项工程费计算

分部分项工程费＝3.24×887.63＝2875.92（元）

本章小结

钢结构图示有其特殊性，只要读图能知道构件所用型材，在相关钢结构手册中能查到型钢每米理论质（重）量，则按图示尺寸计算出长度乘以每米理论质（重）量就能计算出型钢质（重）量。

对于不规则的多边形钢板，面积按外接最小的矩形面积计算，乘以厚度再乘以钢材容重，就能计算出钢板质（重）量。

习题与思考题

5.1　清单规则与定额规则有哪些差异？

5.2　按图5-4所示，列项并计算钢支撑工程量。

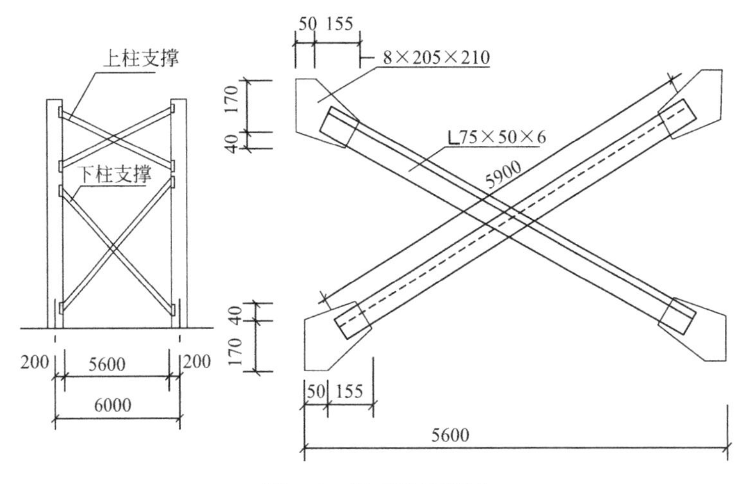

图5-4　钢支撑示意图

5.3 按图5-5所示，列项并计算钢爬梯工程量。

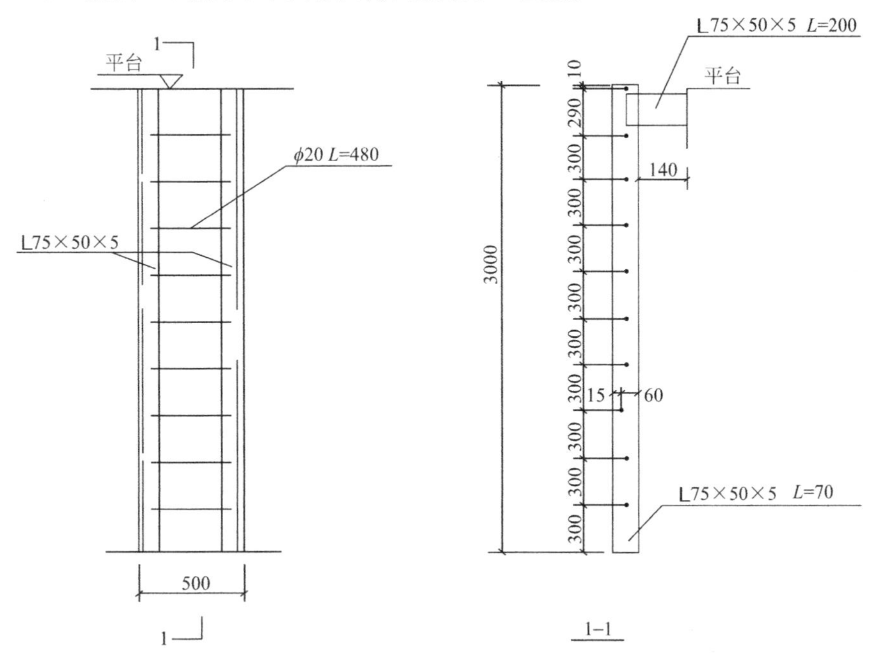

图5-5 钢支撑示意图

5.4 按图5-6所示，列项并计算钢托架工程量。

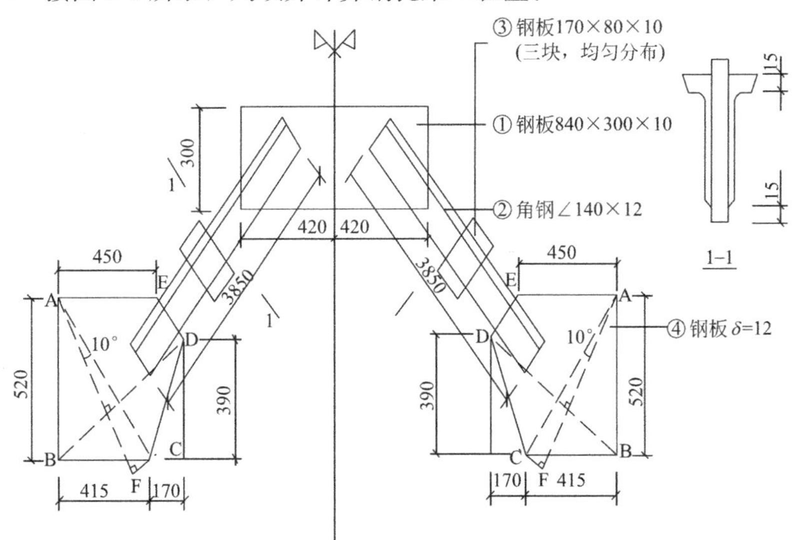

图5-6 钢托架示意图

5.5 对于装配式钢结构计价，定额说明规定了哪些内容？

第6章　装配式木结构计量与计价

装配式木结构工程包括预制木构件和木结构围护体系。本章介绍装配式木结构工程的清单工程量与定额工程量计算规则，以及计价方法。

6.1　装配式木结构计量

6.1.1　工程量计算规则

1. 清单规则

（1）以榀计量的，按设计图示数量计算。

（2）以“m^3”计量的，按设计图示尺寸以体积计算。

（3）以“m”计量的，按设计图示尺寸以长度计算。

（4）木楼梯，按设计图示尺寸以水平投影面积计算，不扣除宽度小于等于300mm的楼梯井，伸入墙内部分不计算。

（5）屋面木基层按设计图示尺寸以斜面积计算，不扣除房上烟囱、风帽底座、风道、小气窗、斜沟等所占面积，小气窗的出檐部分不增加面积。

2. 定额规则

1）预制木构件安装

（1）地梁板安装按设计图示尺寸以长度计算。

（2）木柱、木梁按设计图示尺寸以体积计算。

（3）墙体木骨架及墙面板安装按设计图示尺寸以面积计算，不扣除小于等于$0.3m^2$的孔洞所占面积，由此产生的孔洞加固板也不另增加。其中，墙体木骨架安装应扣除结构柱所占的面积。

（4）楼板格栅及楼面板安装按设计图示尺寸以面积计算，不扣除小于等于$0.3m^2$的洞口所占面积，由此产生的洞口加固板也不另增加。其中，楼板格栅安装应扣除结构梁所占的面积。

（5）格栅挂件按设计图示数量以套计算。

（6）木楼梯安装按设计图示尺寸以水平投影面积计算，不扣除宽度小于等于500mm的楼梯井，伸入墙内部分不计算。

（7）屋面椽条和桁架安装按设计图示尺寸以实体积计算，不扣除切肢、切角

部分所占体积。屋面板安装按设计图示尺寸以展开面积计算。

（8）封檐板安装按设计图示尺寸以檐口外围长度计算。

2）围护体系安装

（1）石膏板、呼吸纸铺设按设计图示尺寸以面积计算，不扣除小于等于 $0.3m^2$ 的孔洞所占面积。

（2）岩棉铺设安装定额按设计图示尺寸以体积计算。

6.1.2 图示要点

木结构在传统意义上就是装配式的，都是加工好的木构件在现场组装而成的，如图 6-1 所示。

图 6-1　木结构建筑示意

（1）圆木屋架如图 6-2 所示。

（2）屋面木基层如图 6-3 所示。

（3）封檐板、博风板如图 6-4 所示。

6.1.3 计量示例

【例 6-1】 如图 6-1 所示圆木屋架，屋架高设计为 2m，跨度为 8m，试列项并计算工程量。

【解】 清单项为“010701001 木屋架”，清单工程量按榀计量。

定额项为“7-3-24 桁架”，定额工程量按设计图示尺寸以实体积计算，不扣除切肢、切角部分所占体积。则计算得：

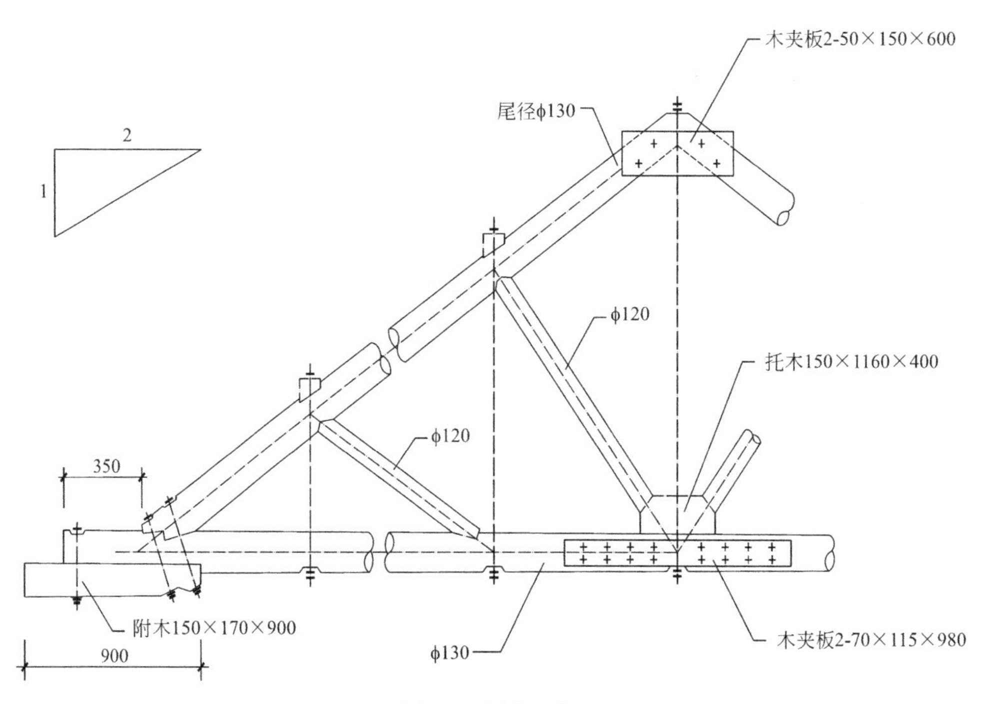

图 6-2　圆木屋架

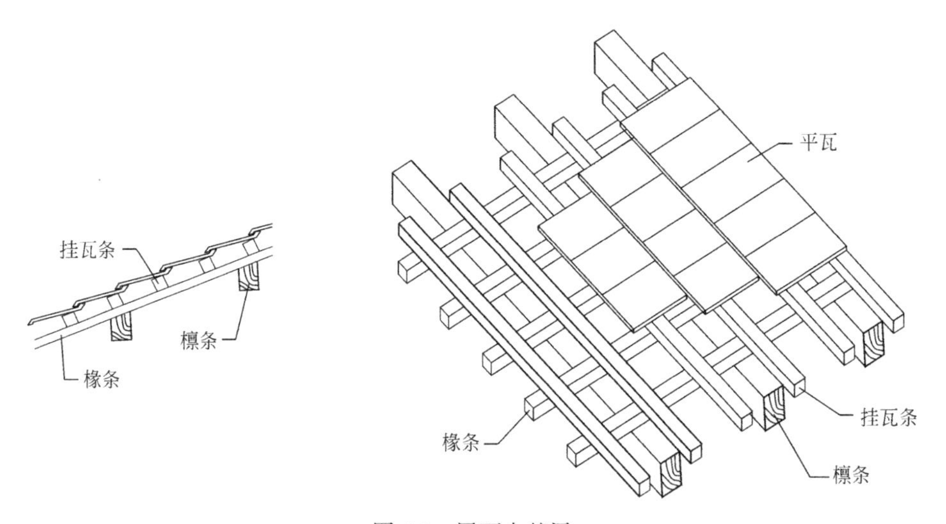

图 6-3　屋面木基层

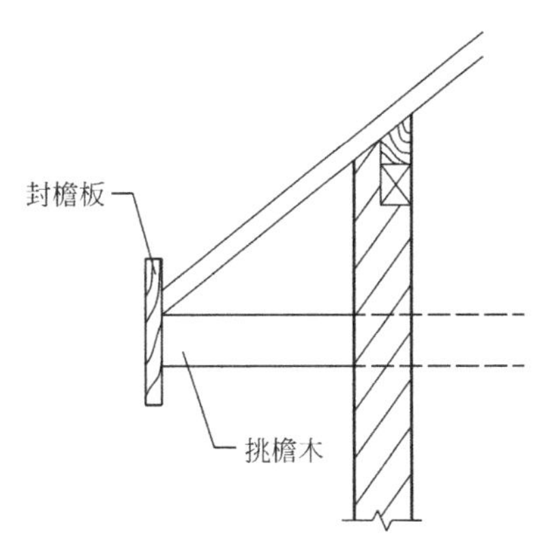

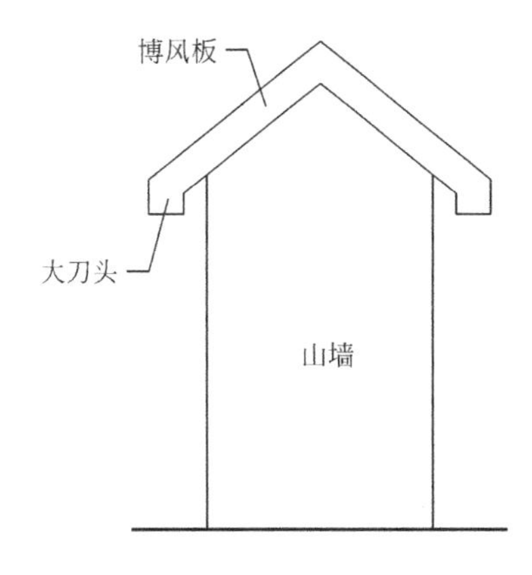

图 6-4　封檐板与博风板

（1）下弦杆采用 Φ130mm 圆木，体积计算为

(8.0＋0.35×2)×0.13×0.13×3.1416＝0.462（m^3）

（2）下弦木夹板采用 2 块 70mm×115mm×980mm 的木板，体积计算为

2×0.070×0.115×0.980＝0.016（m^3）

（3）下弦木垫板采用 2 块 150mm×170mm×900mm 的枋木，体积计算为

2×0.150×0.170×0.900＝0.046（m^3）

（4）下弦与腹杆连接处采用 1 块 150mm×160mm×400mm 的托木，体积计算为

0.150×0.160×0.400＝0.0096（m^3）

（5）上弦杆（长为 4.472m）采用 Φ130mm 圆木，体积计算为

4.472×0.13×0.13×3.1416×2＝0.475（m^3）

（6）上弦杆夹板采用 2 块 50mm×150mm×800mm 的木板，体积计算为

2×0.050×0.150×0.800＝0.012（m^3）

（7）第一道斜腹杆采用 Φ120mm 圆木，体积计算为

(4.472/3－0.12）×0.12×0.12×3.1416×2＝0.124（m^3）

（8）第一道斜腹杆（长约为 1.72m）采用 Φ120mm 圆木，体积计算为

1.72×0.12×0.12×3.1416×2＝0.156（m^3）

合计为：0.462＋0.016＋0.046＋0.0096＋0.475＋0.012＋0.124＋0.156＝1.30（m^3）

6.2　装配式木结构计价

6.2.1　定额应用说明

1）本章定额包括预制木构件安装和围护体系安装两节，共 30 个定额项目。

2）本章定额所称的装配式木结构工程，指预制木构件通过可靠的连接方式装配而成的木结构，包括装配式轻型木结构和装配式框架木结构。

3）预制木构件安装

（1）地梁板安装定额已包括底部防水卷材的内容，按墙体厚度不同套用相应定额。

（2）木构件安装定额已包括构件固定所需临时支撑的搭设及拆除，支撑种类、数量及搭设方式综合考虑。

（3）柱、梁安装定额不分截面形式，按材质和截面积不同套用相应定额。

（4）墙体木骨架安装按墙体厚度不同套用相应定额，定额中已包括了底梁板、顶梁板和墙体龙骨安装等内容。墙体龙骨间距按400mm编制，设计与定额不同时可调整木骨架用量，其他不变。

（5）楼板格栅安装按格栅跨度不同套用相应定额，其中跨度5m以内按木格栅，5m以上按桁架格栅进行编制。

（6）平撑、剪刀撑以及封头板的用量已包括在楼板格栅定额中，不单独计算。地面格栅和平屋面格栅套用楼板格栅相应定额。

（7）桁架安装不分直角形、人字形等形式，均套用桁架定额。

（8）屋面板安装根据屋面形式不同，按两坡以内和两坡以上分别套用相应定额。

4）围护体系安装

（1）石膏板铺设定额按单层安装编制，设计为双层安装时，其工程量乘以2。

（2）呼吸纸铺设定额中，对施工过程中产生的搭接、拼缝、压边等已综合考虑，不单独计算。

5）装配式木结构安装过程中涉及的基础梁预埋锚栓、外墙保温、屋面防水涂料等内容，按现行《房屋建筑与装饰工程消耗量定额》的相应项目及规定执行。

6.2.2　清单与定额的列项举例

总结本书第3章清单项目与定额项目，对于装配式建筑木结构工程的计价，列项时供读者参考的对应关系如表6-1所示。

清单分项与定额分项的对应关系　　　　**表6-1**

清单内容	编码范围	数量	定额内容	编码范围	数量
木结构构件制作、运输、安装	010701～010703	8	预制木结构安装	7-3-1～7-3-30	28
			木结构围护体系安装	7-3-1～7-3-30	2

6.2.3 计价示例

【例 6-2】 以例 6-1 圆木屋架为对象（其中拉杆另计材料费 120 元），试组价计算综合单价。

【解】（1）套用定额

查《装配式建筑计价定额》的“木结构屋面”定额如表 6-2 所示。

木结构屋面定额 **表 6-2**

定额编号				7-3-23	7-3-24	7-3-25	7-3-26
项目名称				檩条	桁架	屋面板铺装	
						两坡以内	两坡以上
计量单位				$10m^3$		$10m^2$	
基价（元）				**2496.84**	**6814.60**	**159.89**	**191.80**
其中	人工费（元）			1402.87	5573.17	159.89	191.80
	材料费（元）			—	—	—	—
	机械费（元）			1093.97	1241.43	—	—
类别	名称	单位	单价（元）	数量			
材料	规格材	m^3	—	10.100	10.100	—	—
	定向刨花板 $\delta=12$	m^3	—	—	—	10.500	12.500
	支撑木材	m^3	—	0.010	0.010	—	—
	镀锌螺纹钉	kg	—	2.500	2.200	0.035	0.045
	其他材料费	%	—	0.800	0.800	0.800	0.800
机械	汽车式起重机 20t	台班	996.33	1.098	1.246	—	—

（2）材料费计算

通过当地询价知：规格板 1400 元/m^3，支撑木材 1200 元/m^3，镀锌螺纹钉 13.50 元/kg，则定额“7-3-24 桁架”中的材料费计算得：

$(10.10\times1400+0.010\times1200+2.20\times13.50)\times(1+0.8\%)=14295.15$（元/$10m^3$）

（3）综合单价计算

清单项“010701001 木屋架”，工程量为 1 榀

定额项“7-3-24 桁架”，安装工程量为 $1.30m^3$

则综合单价列式计算如下：

人工费 $=1.30/10/1\times5573.17=724.51$（元/榀）

材料费 $=1.30/10/1\times14295.15+120=1978.37$（元/榀）

机械费 $=1.30/10/1\times1241.43=161.39$（元/榀）

管理费 $=(724.51+161.39\times8\%)\times33\%=243.35$（元/榀）

利润＝(724.51＋161.39×8％)×20％＝147.48（元/榀）

综合单价＝724.51＋1978.37＋161.39＋243.35＋147.48＝3255.10（元/榀）

本章小结

木结构本就属于装配式建筑，只是因为保护森林资源，应用不及混凝土结构广泛。清单项目工作内容包括制作、运输、安装，而装配式木结构定额项目工作内容主要是构件安装、固定，组价时需查询得到木构件及配件的成品价。

习题与思考题

6.1　清单规则与定额规则有哪些差异？

6.2　木结构计量有何特点？

6.3　对于装配式木结构计价，定额说明规定了哪些内容？

第 7 章　建筑构件及部品计量与计价

装配式建筑构件及部品包括幕墙、隔断、预制烟道及通风道、预制成品护栏、成品踢脚线、成品木门、成品橱柜。本章介绍装配式建筑构件及部品的清单工程量与定额工程量计算规则，以及计价方法。

7.1　建筑构件及部品计量

7.1.1　工程量计算规则

1. 清单规则

（1）带骨架幕墙按设计图示框外围尺寸以面积计算。与幕墙同种材质的窗所占面积不扣除。

（2）全玻（无框玻璃）幕墙按设计图示框外围尺寸以面积计算。带肋全玻幕墙按展开面积计算。

（3）木隔断、金属隔断按设计图示框外围尺寸以面积计算。不扣除单个面积小于等于 $0.3m^2$ 的孔洞所占面积；浴厕门的材质与隔断相同时，门的面积并入隔断面积内。

（4）玻璃隔断、塑料隔断、其他隔断按设计图示框外围尺寸以面积计算。不扣除单个面积小于等于 $0.3m^2$ 的孔洞所占面积。

（5）成品隔断以“m^2”计算的，按设计图示框外围尺寸以面积计算；以间计算的，按设计间的数量计算。

（6）预制烟道及通风道，以“m^3”计量的按设计图示尺寸以体积计算，不扣除单个面积小于等于 300mm×300mm 的孔洞所占体积，扣除烟道及通风道的孔洞所占体积；以“m^2”计量的按设计图示尺寸以面积计算，不扣除单个面积小于等于 300mm×300mm 的孔洞所占面积：以“根”计量的设计图示尺寸以数量计算。

（7）扶手、栏板按设计图示以扶手中心线长度计算。

（8）成品踢脚线，以“m^2”计算的按设计图示长度乘以高度以面积计算；以米计算的按延长米计算。

（9）墙面装饰板按设计图示墙净长乘以净高以面积计算，扣除门窗洞口及单个大于 0.3m² 的孔洞所占面积。

(10) 木门以樘计量按设计图示数量计算；以“m”计算的按设计图示洞口尺寸以面积计算。

(11) 橱柜，以“个”计量的按设计图示数量计算；以“m”计量的按设计图示尺寸以延长米计算；以“m³”计量的按设计图示尺寸以体积计算。

2. 定额规则

1) 单元式幕墙安装

(1) 单元式幕墙安装工程量按单元板块组合后设计图示尺寸的外围面积以“m²”计算，不扣除依附于幕墙板块制作的窗、洞口所占的面积。

(2) 防火封堵隔断安装工程量按设计图示长度以“m”计算。

(3) 槽形预埋件及 T 形转换螺栓安装的工程量按设计图示数量以“个”计算。

2) 非承重隔墙安装

(1) 非承重隔墙安装工程量按设计图示尺寸的墙体面积以“m²”计算，应扣除门窗、洞口、嵌入墙内的钢筋混凝土柱、梁、圈梁等所占体积，不扣除梁头、板头、檩头、垫木、木楞头、沿缘木、木砖、门窗走头、砖墙内加固钢筋、木筋、铁件、钢管及单个面积小于等于 0.3m² 的孔洞所占的体积。

(2) 非承重隔墙安装遇设计为双层墙板时，其工程量按单层面积乘以 2 计算。

(3) 预制轻钢龙骨隔墙中增贴硅酸钙板的工程量按设计需增贴的面积以“m²”计算。

3) 预制烟道及通风道安装

(1) 预制烟道、通风道安装工程量按图示长度以“m”计算。

(2) 成品风帽安装工程量按设计图示数量以“个”计算。

4) 预制成品护栏安装

预制成品护栏安装工程量按设计图示尺寸的中心线长度以“m”计算。

5) 装饰成品部件安装

(1) 成品踢脚线安装工程量按设计图示长度以“m”计算。

(2) 墙面成品木饰面安装工程量按设计图示面积以“m²”计算。

(3) 带门套成品木门安装工程量按设计图示数量以“樘”计算，成品门(窗) 套安装工程量按设计图示洞口尺寸以“m”计算。

(4) 成品橱柜安装工程量按设计图示尺寸的柜体中线长度以“m”计算，成品台面板安装工程量按设计图示尺寸的板面中线长度以“m”计算，成品洗漱台柜、成品水槽安装工程量按设计图示数量以“组”计算。

7.1.2　计量示例

【例 7-1】 某墙面装饰设计尺寸如图 7-1 所示。装饰做法为：①成品实木卡扣式踢脚线；②大理石墙裙；③墙面成品木饰面面层；④单开带门套成品装饰平开复合木门。试列出归属装配式建筑构件及部品的项目并计算相应工程量，编制工程量清单。

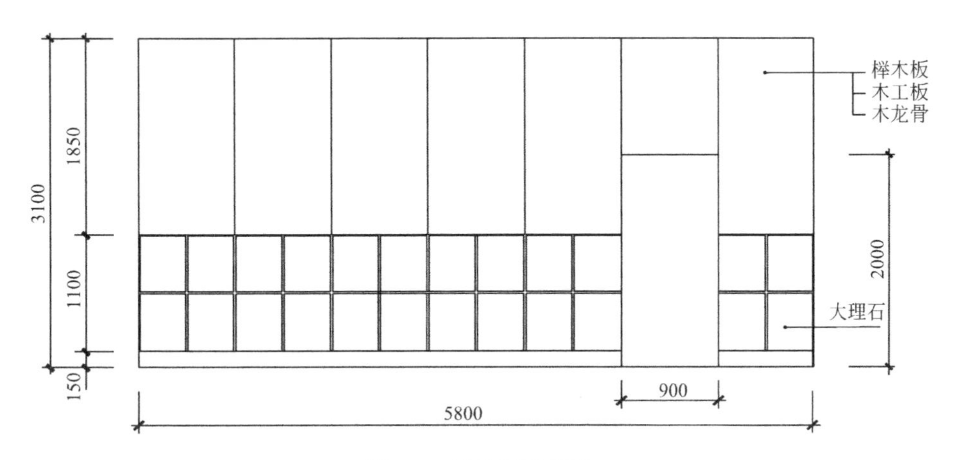

图 7-1　墙饰面示意图

【解】 (1) 成品实木卡扣式踢脚线

清单项为“011105005 木制踢脚线”，工程量按设计图示长度乘以高度以面积计算，得：

$$(5.8-0.9)\times 0.15=0.735(\text{m}^2)$$

定额项为“7-4-28 成品实木卡扣式踢脚线”，安装工程量按设计图示长度以“m”计算，得：

$$5.8-0.9=4.9(\text{m})$$

(2) 墙面成品木饰面面层

清单项为“011207001 墙面装饰板”，工程量按设计图示墙净长乘以净高以面积计算，扣除门窗洞口及单个大于 0.3m^2 的孔洞所占面积，得：

$$5.8\times 1.85-(2.0-1.1-0.15)\times 0.9=10.06(\text{m}^2)$$

定额项为“7-4-30 墙面成品木饰面面层”，安装工程量按设计图示面积以“m^2”计算，得：

$$5.8\times 1.85-(2.0-1.1-0.15)\times 0.9=10.06(\text{m}^2)$$

(3) 单开带门套成品装饰平开复合木门

清单项为“010801001 木质门”，工程量以樘计量为 1 樘。

定额项为“7-4-32 单开带门套成品装饰平开复合木门”，安装工程量以樘计量为1樘。

工程量清单编制结果如表7-1所示。

工程量清单　　表7-1

序号	项目编码	项目名称	项目特征	计量单位	工程数量
1	011105005	木制踢脚线	1. 踢脚线高度：150mm 2. 面层材料：成品实木卡扣式踢脚线	m^2	0.735
2	011207001	墙面装饰板	面层材料：成品木饰面面层	m^2	10.06
3	010801001	木质门	1. 门代号及洞口尺寸：M12000mm×900mm 2. 嵌玻璃配置品种、厚度：无	樘	1

7.2 建筑构件及部品计价

7.2.1 定额应用说明

1）本章定额包括单元式幕墙安装、非承重隔墙安装、预制烟道及通风道安装、预制成品护栏安装和装饰成品部件安装五节，共47个定额项目。

2）单元式幕墙安装：

(1) 本章定额中的单元式幕墙是指由各种面板与支承框架在工厂制成，形成完整的幕墙结构基本单位后，运至施工现场直接安装在主体结构上的建筑幕墙。

(2) 单元式幕墙安装按安装高度不同，分别套用相应定额。单元式幕墙的安装高度是指室外设计地坪至幕墙顶部标高之间的垂直高度，单元式幕墙安装定额已综合考虑幕墙单元板块的规格尺寸、材质和面层材料不同等因素。

(3) 单元式幕墙设计为曲面或者斜面（倾斜角度大于30°）时，安装定额中人工消耗量乘系数1.15。单元板块面层材料的材质不同时，可调整单元板块主材单价，其他不变。

(4) 如设计防火封堵隔断中的镀锌钢板规格、含量与定额不同时，可按设计要求调整镀锌钢板主材价格，其他不变。

3）非承重隔墙安装：

(1) 非承重隔墙安装按板材材质，划分为钢丝网架轻质夹心隔墙板安装、轻质条板隔墙安装以及预制轻钢龙骨隔墙安装三类，各类板材按板材厚度分设定额项目。

(2) 非承重隔墙安装按单层墙板安装进行编制，如遇设计为双层墙板时，根据双层墙板各自的墙板厚度不同，分别套用相应单层墙板安装定额。若双层墙板

中间设置保温、隔热或者隔声功能层的，发生时另行计算。

（3）“增加一道硅酸钙板”定额项目是指在预制轻钢龙骨隔墙板外所进行的面层补板。

（4）非承重隔墙板安装定额已包括各类固定配件、补（填）缝、抗裂措施构造，以及板材遇门窗洞口所需切割改锯、孔洞加固的内容，发生时不另计算。

（5）钢丝网架轻质夹心隔墙板安装定额中的板材，按聚苯乙烯泡沫夹心板编制，设计不同时可换算墙板主材，其他消耗量保持不变。

4）预制烟道及通风道安装：

（1）预制烟道、通风道安装子目未包含进气口、支管、接口件的材料及安装人工消耗量。

（2）预制烟道、通风道安装子目按照构件断面外包周长划分子目。如设计烟道、通风道规格与定额不同时，可按设计要求调整烟道、通风道规格及主材价格，其他不变。

（3）成品风帽安装按材质不同划分为混凝土及钢制两类子目。

5）预制成品护栏安装：

预制成品护栏安装定额按护栏高度1.4m以内编制，护栏高度超过1.4m时，相应定额人工及除预制栏杆外的材料乘系数1.1，其余不变。

6）装饰成品部件安装：

（1）装饰成品部件涉及基层施工的，另按现行《房屋建筑与装饰工程消耗量定额》的相应项目执行。

（2）成品踢脚线安装定额根据踢脚线材质不同，以卡扣式直形踢脚线进行编制。遇弧形踢脚线时，相应定额人工消耗量乘系数1.1，其余不变。

（3）墙面成品木饰面面层安装以墙面形状不同划分为直形、弧形，发生时分别套用相应定额。

（4）成品木门安装定额以门的开启方式、安装方法不同进行划分，相应定额均已包括相配套的门套安装；成品木质门（窗）套安装定额按门（窗）套的展开宽度不同分别进行编制，适用于单独门（窗）套的安装。成品木门（带门套）及单独安装的成品木质门（窗）套定额中，已包括了相应的贴脸及装饰线条安装人工及材料消耗量，不单独计算。

（5）成品木门安装定额中的五金件，设计规格和数量与定额不同时，应进行调整换算。

（6）成品橱柜安装按上柜、下柜及台面板进行划分，分别套用相应定额。定额中不包括洁具五金、厨具电器等的安装，发生时另行计算。

（7）成品橱柜台面板安装定额的主材价格中已包含材料磨边及金属面板折边

费用，不包括面板开孔费用：如设计的成品台板材质与定额不同时，可换算台面板材料价格，其他不变。

7.2.2 清单与定额的列项举例

总结本书第3章清单项目与定额项目，对于装配式建筑构件及部品的计价，列项时供读者参考的对应关系如表7-2所示。

清单分项与定额分项的对应关系 表7-2

清单内容	编码范围	数量	定额内容	编码范围	数量
幕墙安装	011209001～011209002	2	单元式幕墙安装	7-4-1～7-4-4	4
			槽形埋件及连接件	7-4-7～7-4-8	2
隔断	011210001～011210006	6	防火封堵隔断安装	7-4-5～7-4-6	2
			槽形埋件及连接件	7-4-7～7-4-8	2
通风道、烟道	010514001	1	预制烟道、通风道安装	7-4-20～7-4-22	3
其他预制构件	010514002	1	混凝土预制成品护栏	7-4-25	1
金属栏板	011503001	1	金属预制成品护栏	7-4-26	1
玻璃栏板	011503008	1	玻璃预制成品护栏	7-4-27	1
木制踢脚线	011105005	1	实木成品卡扣式踢脚线	7-4-28	1
金属踢脚线	011105006	1	金属成品卡扣式踢脚线	7-4-29	1
墙面装饰板	011207001	1	墙面成品木饰面面层安装	7-4-30～7-4-31	2
木质门	010801001	1	成品木门安装	7-4-32～7-4-41	10
厨房壁柜	011501007	1	成品橱柜安装	7-4-42～7-4-47	6

7.2.3 计价示例

【例7-2】 根据例7-1所得工程量清单，试组价计算成品实木卡扣式踢脚线综合单价。

【解】 (1) 套用定额。查《装配式建筑工程消耗量定额》如表7-3所示。

(2) 材料费计算

通过当地建材市场询价知：成品木质踢脚线58.15元/m，卡扣11.50元/kg。则定额7-4-28中的材料费计算得：

$$(58.15\times10.500+11.50\times2.800)\times(1+1\%)=649.20(\text{元}/10\text{m})$$

(3) 综合单价计算

清单项“011105005木制踢脚线”，工程量为0.735m^2

定额项“7-4-28成品实木卡扣式踢脚线”，安装工程量为4.9m

成品踢脚线计价定额　　　　　　表 7-3

计量单位：10m

定额编号				7-4-28	7-4-29
项目名称				成品卡扣式踢脚线	
				实木	金属
基价(元)				40.46	40.46
其中	人工费(元)			40.46	40.46
	材料费(元)			—	—
	机械费(元)			—	—
类别	名称	单位	单价(元)	数量	
材料	成品木质踢脚线	m		10.500	—
	成品金属踢脚线	m		—	10.500
	卡扣	kg		2.800	2.900
	其他材料费	%		1.000	1.000

则综合单价列式计算如下：

人工费＝4.9/10/0.735×40.46＝26.97(元/m^2)

材料费＝4.9/10/0.735×649.20＝432.80(元/m^2)

机械费＝0.00(元/m^2)

管理费＝(26.97＋0.00×8%)×33%＝8.90(元/m^2)

利润＝(26.97＋0.00×8%)×20%＝5.39(元/m^2)

综合单价＝26.97＋432.80＋0.00＋8.90＋5.39＝474.06(元/m^2)

本章小结

装配式建筑计价定额中构件及部品均为未计价材，组价计算时，构件及部品的成品价需以当地的市场价格为准计算，

习题与思考题

7.1　清单规则与定额规则有哪些差异？

7.2　对于装配式建筑构件及部品计价，定额说明规定了哪些内容？

第8章 装配式建筑措施项目计价

本章讨论装配式建筑的措施项目如混凝土模板及支架、脚手架、垂直运输的列项和计量计价等问题。

8.1 措施项目列项

8.1.1 清单分项

1. 混凝土模板及支架

根据《房屋建筑与装饰工程工程量计算规范》GB 50854—2013，装配式建筑工程措施项目的混凝土模板及支架清单项目划分如表8-1所示。

混凝土模板及支架清单项目　　表8-1

项目编码	项目名称	计量单位	工作内容
011702002	矩形柱	m^2	1. 模板制作； 2. 模板安装、拆除、整理堆放及场内外运输； 3. 清理模板粘结物及模内杂物、刷隔离剂等
011702004	异形柱		
011702006	矩形梁		
011702007	异形梁		
011702008	圈梁		
011702009	过梁		
011702010	弧形、拱形梁		
011702011	直形墙	m^2	1. 模板制作； 2. 模板安装、拆除、整理堆放及场内外运输； 3. 清理模板粘结物及模内杂物、刷隔离剂等
011702012	弧形墙		
011702013	短肢剪力墙、电梯井壁		
011702014	有梁板		
011702015	无梁板		
011702016	平板		
011702017	拱板		
011702018	薄壳板		
011702019	空心板		
011702020	其他板		

续表

<table>
<tr><th>项目编码</th><th>项目名称</th><th>计量单位</th><th>工作内容</th></tr>
<tr><td>011702021</td><td>栏板</td><td rowspan="10">m²</td><td rowspan="10">1. 模板制作；
2. 模板安装、拆除、整理堆放及场内外运输；
3. 清理模板粘结物及模内杂物、刷隔离剂等</td></tr>
<tr><td>011702022</td><td>天沟、檐沟</td></tr>
<tr><td>011702023</td><td>雨篷、悬挑板、阳台板</td></tr>
<tr><td>011702024</td><td>楼梯</td></tr>
<tr><td>011702025</td><td>其他现浇构件</td></tr>
<tr><td>011702026</td><td>电缆沟、地沟</td></tr>
<tr><td>011702027</td><td>台阶</td></tr>
<tr><td>011702028</td><td>扶手</td></tr>
<tr><td>011702029</td><td>散水</td></tr>
<tr><td>011702030</td><td>后浇带</td></tr>
</table>

2. 脚手架

根据《房屋建筑与装饰工程工程量计算规范》GB 50854—2013，装配式建筑工程措施项目的脚手架清单项目划分如表 8-2 所示。

脚手架清单项目 **表 8-2**

<table>
<tr><th>项目编码</th><th>项目名称</th><th>计量单位</th><th>工作内容</th></tr>
<tr><td>011701002</td><td>外脚手架</td><td rowspan="3">m²</td><td rowspan="5">1. 场内、场外材料搬运；
2. 搭、拆脚手架、斜道、上料平台；
3. 安全网的铺设；
4. 拆除脚手架后材料的堆放</td></tr>
<tr><td>011701003</td><td>里脚手架</td></tr>
<tr><td>011701004</td><td>悬空脚手架</td></tr>
<tr><td>011701005</td><td>挑脚手架</td><td>m</td></tr>
<tr><td>011701006</td><td>满堂脚手架</td><td rowspan="3">m²</td></tr>
<tr><td>011701007</td><td>整体提升架</td><td>1. 场内、场外材料搬运；
2. 选择附墙点与主体连接；
3. 搭、拆脚手架、斜道、上料平台；
4. 安全网的铺设；
5. 测试电动装置、安全锁等；
6. 拆除脚手架后材料的堆放</td></tr>
<tr><td>011701008</td><td>外装饰吊篮</td><td>1. 场内、场外材料搬运；
2. 吊篮的安装；
3. 测试电动装置、安全锁、平衡控制器等；
4. 吊篮的拆卸</td></tr>
</table>

3. 垂直运输

根据《房屋建筑与装饰工程工程量计算规范》GB 50854—2013，装配式建筑工程措施项目的垂直运输清单项目划分如表 8-3 所示。

垂直运输清单项目　　表 8-3

项目编码	项目名称	计量单位	工作内容
011703001	垂直运输	m^2、天	1. 垂直运输机械的固定装置、基础制作、安装； 2. 行走式垂直运输机械轨道的铺设、拆除、摊销

4. 超高施工增加

根据《房屋建筑与装饰工程工程量计算规范》GB 50854—2013，装配式建筑工程措施项目的超高施工增加项目划分如表 8-4 所示。

超高施工增加清单项目　　表 8-4

项目编码	项目名称	计量单位	工作内容
011704001	超高施工增加	m^2	按建筑物超高部分的建筑面积计算

8.1.2　定额分项

1. 柱模板

根据《装配式建筑工程消耗量定额》TY01—01（01）—2016，装配式建筑工程措施项目的柱模板定额项目划分如表 8-5 所示。

柱模板定额项目　　表 8-5

定额编号	项目名称	计量单位	工作内容
7-5-1	矩形柱	m^2	1. 模板制作； 2. 模板安装、拆除、整理堆放及场内外运输； 3. 清理模板粘结物及模内杂物，刷隔离剂，封堵孔洞等
7-5-2	异形柱		
7-5-3	柱支撑　高度超过 3.6m，每增加 1m		

2. 梁模板

根据《装配式建筑工程消耗量定额》TY01—01（01）—2016，装配式建筑工程措施项目的梁模板定额项目划分如表 8-6 所示。

梁模板定额项目　　表 8-6

定额编号	项目名称	计量单位	工作内容
7-5-4	矩形梁	m^2	1. 模板制作； 2. 模板安装、拆除、整理堆放及场内外运输； 3. 清理模板粘结物及模内杂物，刷隔离剂，封堵孔洞等
7-5-5	异形梁		
7-5-6	梁支撑高度超过 3.6m，每增加 1m		

3. 墙模板

根据《装配式建筑工程消耗量定额》TY01—01（01—2016），装配式建筑工程措施项目的墙模板定额项目划分如表8-7所示。

墙模板定额项目　　表8-7

定额编号	项目名称	计量单位	工作内容
7-5-7	直形墙	m^2	1.模板制作； 2.模板安装、拆除、整理堆放及场内外运输； 3.清理模板粘结物及模内杂物，刷隔离剂，封堵孔洞等
7-5-8	墙支撑　高度超过3.6m，每增加1m		

4. 板模板

根据《装配式建筑工程消耗量定额》TY01—01（01）—2016，装配式建筑工程措施项目的板模板定额项目划分如表8-8所示。

板模板定额项目　　表8-8

定额编号	项目名称	计量单位	工作内容
7-5-9	板	m^2	1.模板制作； 2.模板安装、拆除、整理堆放及场内外运输； 3.清理模板粘结物及模内杂物、刷隔离剂、封堵孔洞等
7-5-10	板支撑　高度超过3.6m，每增加1m		

5. 整体楼梯模板

根据《装配式建筑工程消耗量定额》TY01—01（01）—2016，装配式建筑工程措施项目的整体楼梯模板定额项目划分如表8-9所示。

整体楼梯模板定额项目　　表8-9

定额编号	项目名称	计量单位	工作内容
7-5-11	整体楼梯	m^2	1.模板制作； 2.模板安装、拆除、整理堆放及场内外运输； 3.清理模板粘结物及模内杂物、刷隔离剂、封堵孔洞等

6. 附着式电动整体提升架

根据《装配式建筑工程消耗量定额》TY01—01（01）—2016，装配式建筑工程措施项目的附着式电动整体提升架定额项目划分如表8-10所示。

7. 电动高空作业吊篮

根据《装配式建筑工程消耗量定额》TY01—01（01）—2016，装配式建筑工程措施项目的电动高空作业吊篮定额项目划分如表8-11所示。

附着式电动整体提升架定额项目 表 8-10

定额编号	项目名称	计量单位	工作内容
7-5-12	附着式电动整体提升架	m^2	1. 场内、场外材料搬运； 2. 选择附墙点与主体连接； 3. 搭、拆脚手架、斜道、上料平台； 4. 安全网的铺设； 5. 测试电动装置、安全锁等； 6. 拆除脚手架后材料的堆放

电动高空作业吊篮定额项目 表 8-11

定额编号	项目名称	计量单位	工作内容
7-5-13	电动高空作业吊篮	m^2	1. 场内、场外材料搬运； 2. 吊篮的安装； 3. 测试电动装置、安全锁、平衡控制器等； 4. 吊篮的拆卸

8. 住宅钢结构工程垂直运输

根据《装配式建筑工程消耗量定额》TY01—01（01）—2016，装配式建筑工程措施项目的住宅钢结构工程垂直运输定额项目划分如表 8-12 所示。

住宅钢结构工程垂直运输定额项目 表 8-12

定额编号	项目名称	计量单位	工作内容
7-5-14	住宅钢结构工程垂直运输檐高≤20m	m^2	单位工程在合理工期内完成全部工程所需的垂直运输全部操作过程
7-5-15	住宅钢结构工程垂直运输檐高≤30m		
7-5-16	住宅钢结构工程垂直运输檐高≤50m		
7-5-17	住宅钢结构工程垂直运输檐高≤90m		
7-5-18	住宅钢结构工程垂直运输檐高≤120m		
7-5-19	住宅钢结构工程垂直运输檐高≤140m		
7-5-20	住宅钢结构工程垂直运输檐高≤160m		
7-5-21	住宅钢结构工程垂直运输檐高≤180m		
7-5-22	住宅钢结构工程垂直运输檐高≤200m		

8.2 措施项目计量

8.2.1 清单规则

1. 模板工程

模板工程均按模板与现浇混凝土构件的接触面积计算，其中：

（1）现浇钢筋混凝土墙、板单孔面积小于等于 0.3m^2 的孔洞不予扣除，洞侧壁模板亦不增加，单孔面积大于 0.3m^2 时应予扣除，洞侧壁模板面积并入墙、板模板工程量内计算。

（2）柱、梁、墙、板相互连接的重叠部分，均不计算模板面积。

（3）楼梯模板工程量按楼梯（包括休息平台、平台梁、斜梁和楼层板的连接梁）的水平投影面积计算，不扣除宽度小于等于 500mm 的楼梯井所占面积，楼梯踏步、踏步板、平台梁等侧面模板不另计算，伸入墙内部分亦不增加。

2. 脚手架工程

（1）里、外脚手架按所服务对象的垂直投影面积计算。

（2）悬空脚手架按搭设的水平同样投影面积计算。

（3）挑脚手架按搭设长度乘以搭设层数以延长米计算。

（4）整体提升架、外装饰吊篮工程量按所服务对象的垂直投影面积计算。

3. 垂直运输工程

垂直运输工程量按建筑面积计算。

4. 超高施工增加

超高施工增加工程量按建筑物超高部分的建筑面积计算。

8.2.2　定额规则

1. 模板工程

（1）铝合金模板工程量按模板与混凝土的接触面积计算。

（2）现浇钢筋混凝土墙、板上单孔面积小于等于 0.3m^2 的孔洞不予扣除，洞侧壁模板亦不增加，单孔面积大于 0.3m^2 时应予扣除，洞侧壁模板面积并入墙、板模板工程量内计算。

（3）柱与梁、柱与墙、梁与梁等连接重叠部分以及伸入墙内的梁头、板头与砖接触部分，均不计算模板面积。

（4）楼梯模板工程量按水平投影面积计算。

2. 工具式脚手架

（1）附着式电动整体提升架按提升范围的外墙外边线长度乘以外墙高度以面积计算，不扣除门窗、洞口所占面积。

（2）电动作业高空吊篮按外墙垂直投影面积计算，不扣除门窗、洞口所占面积。

3. 垂直运输

住宅钢结构工程垂直运输，区分不同檐高按建筑面积计算。

4. 建筑物超高增加费

（1）建筑物超高增加费工程量，按设计室外地坪 20m（层数 6 层）以上的建筑面积计算。

(2) 建筑面积按《建筑工程建筑面积计算规范》计算。

(3) 建筑物 20m 以上的层高超过 3.6m 时，每增高 1m（包括 1m 以内），按相应定额乘系数 1.25 计算。

(4) 建筑物高度虽超过 20m，但不足一层的，高度每增高 1m，按相应定额乘系数 0.25 计算，超过高度不足 0.5m 的舍去不计。

(5) 按《建筑工程建筑面积计算规范》应计算建筑面积的出屋面的电梯机房、楼梯出口间等的面积，与相应超高的建筑面积合并计算，执行相应定额。

8.3 措施项目计价

8.3.1 定额应用说明

1. 工具式模板

(1) 工具式模板指组成模板的模板结构和构配件为定型化标准化产品，可多次重复利用，并按规定的程序组装和施工，本章定额中的工具式模板按铝合金模板编制，如图 8-1 所示。

图 8-1 工具式模板示意图

(2) 铝合金模板系统是由铝模板系统、支撑系统、紧固系统和附件系统构成，本定额中铝合金模板的材料摊销次数按 90 次考虑。

(3) 现浇混凝土柱（不含构造柱）、墙、梁（不含圈、过梁）、板是按高度（板面或地面、垫层面至上层板面的高度）3.6m 综合编制，高度超过 3.6m 时，

超过部分的工程量另按模板支撑超高项目计算，超高高度不小于0.5m且不大于1.0m时，按每增1.0m计算，超高高度小于0.5m时舍弃不计。如遇斜板面结构时，柱分别按各柱的中心高度为准，墙按分段墙的平均高度为准，框架梁按每跨两端的支座平均高度为准，板（含梁板合计的梁）按高点与低点的平均高度为准。

（4）异形柱、梁是指柱、梁的断面形状为L形、十字形、T形等的柱、梁。圆形柱模板执行异形柱模板。

（5）有梁板模板定额项目已综合考虑了有梁板中弧形梁的情况，梁和板应作为整体套用。弧形梁模板为独立弧形梁模板。圈梁的弧形部分模板按相应圈梁模板套用定额乘以系数1.2计算。

（6）施工中未使用铝合金模板时，执行《房屋建筑与装饰工程消耗量定额》。

2. 工具式脚手架

（1）本章定额中的工具式脚手架是指组成脚手架的架体结构和构配件为定型化标准化产品，可多次重复利用，按规定的程序组装和施工，包括附着式电动整体提升架和电动高空作业吊篮。

（2）附着式电动整体提升架定额适用于高层建筑的外墙施工。

（3）电动作业高空吊篮定额适用于外立面装饰用脚手架。

（4）施工中未使用上述脚手架时，执行《房屋建筑与装饰工程消耗量定额》。

（5）装配式混凝土结构工程的脚手架执行《房屋建筑与装饰工程消耗量定额》中“措施项目”的外脚手架相应项目时乘以系数0.8计算。

（6）装配式钢结构工程的脚手架按现行《房屋建筑与装饰工程消耗量定额》中“措施项目”的相应项目，其中外脚手架乘以系数0.8。

（7）装配式木结构工程的脚手架按现行《房屋建筑与装饰工程消耗量定额》中“措施项目”的相应项目，其中外脚手架乘以系数0.8。

3. 垂直运输

（1）本定额适用于住宅钢结构工程的垂直运输，高层商务楼、商住楼等钢结构工程可参照执行。

（2）厂（库）房钢结构工程的垂直运输费用已包括在相应的安装定额项目内，不单独计算。

（3）装配式混凝土结构、装配式住宅钢结构的预制构件安装定额中，未考虑吊装机械，其费用已包含在措施项目的垂直运输费中。

（4）装配式混凝土结构工程的垂直运输执行《房屋建筑与装饰工程消耗量定额》中“措施项目”的现浇框架垂直运输定额时，建筑物檐高40m以内（含40m），相应定额乘系数0.55；建筑物檐高40m以上（不含40m），相应定额乘系数0.45。

（5）装配式木结构工程的垂直运输按现行《房屋建筑与装饰工程消耗量定额》中“措施项目”的相应项目计算，现行其他结构定额乘系数0.31。

4. 建筑物超高增加费

装配式混凝土结构、装配式钢结构、装配式木结构工程的建筑物超高增加费，区别建筑物檐高按现行《房屋建筑与装饰工程消耗量定额》中“措施项目”的相应项目乘以下系数计算：

（1）建筑物檐高40m以内（含40m），相应定额乘系数0.75。

（2）建筑物檐高超过40m（不含40m）达到80m（含80m），相应定额乘系数0.65。

（3）建筑物檐高80m以上（不含80m），相应定额乘系数0.58。

（4）装配式钢结构工程超高增加费除按以上系数调整外，人工消耗量再乘以系数0.7。

8.3.2 清单与定额的列项举例

总结本书第3章清单项目与定额项目，对于装配式建筑构件及部品的计价，列项时供读者参考的对应关系如表8-13所示。

清单分项与定额分项的对应关系　　表8-13

清单内容	编码范围	数量	定额内容	编码范围	数量
柱模板	011702002～011702004	3	柱模板	7-5-1～7-5-3	3
梁模板	011702005～011702010	6	梁模板	7-5-4～7-5-6	3
墙模板	011702011～011702013	3	墙模板	7-5-7～7-5-8	2
板模板	011702014～011702023	10	板模板	7-5-9～7-5-10	2
楼梯模板	011702024	1	楼梯模板	7-5-11	1
外脚手架	011701001	1	外脚手架	查房建定额	
整体提升架	011701007	1	电动整体提升架	7-5-12	1
外装饰吊篮	011701008	1	电动高空作业吊篮	7-5-13	1
垂直运输	011703001	1	住宅钢结构垂直运输	7-5-14～7-5-22	8
超高施工增加	011704001	1	超高施工增加	查房建定额	

8.3.3 措施项目计价示例

【例8-1】 某地新建一栋15层装配式钢结构住宅楼（无地下室），室内外地坪高差0.6m，一层层高4.2m，二层至十五层高均为3.0m，女儿墙高0.9m。矩

形建筑平面，每层外围尺寸为48.5m×36.5m，外墙面装饰采用电动高空作业吊篮施工。试计算相应的措施项目费用。

【解】（1）电动高空作业吊篮

可列清单项目：011701008001 外装饰吊篮

对应定额项目：7-5-13 电动高空作业吊篮

清单工程量规定按所服务对象的垂直投影面积计算，定额工程量规定按外墙垂直投影面积计算，不扣除门窗、洞口所占面积，两者说法不同实质上计算结果相同，则：

搭设高度＝0.6＋4.2＋3.0×14＋0.9＝47.7（m）

吊篮工程量＝(48.5＋36.5）×2×47.7＝8109.00（m^2）

根据《建设工程工程量清单计价规范》规定，编制工程量清单如表8-14所示。

外装饰吊篮工程量清单　　表8-14

序号	项目编码	项目名称	项目特征描述	计量单位	工程量
1	011701008001	外装饰吊篮	1. 升降方式及启动装置：电动； 2. 搭设高度：47.7m	m^2	8109.00

查某地的《装配式建筑工程消耗量定额》中"电动高空作业吊篮"项目的单位估价表，如表8-15所示。

电动高空作业吊篮定额的单位估价表　　表8-15

计量单位：100m^2

定额编号				7-5-13
项目名称				电动高空作业吊篮
基价(元)				**156.98**
其中	人工费(元) 材料费(元) 机械费(元)			152.12 — 4.86
类别	名称	单位	单价(元)	数量
机械	电动吊篮0.65t 载货汽车6t	台班 台班	45.42 408.33	0.017 0.010

本例综合单价列式计算如下：

人工费＝152.12/100＝1.52(元/m^2)

材料费＝0.00(元/m^2)

机械费＝4.86/100＝0.49(元/m^2)

管理费＝(1.52＋0.49×8%)×33%＝0.51(元/m^2)

利润＝(1.52＋0.49×8%)×20%＝0.31(元/m^2)

综合单价＝1.52＋0.00＋0.49＋0.51＋0.31＝2.83(元/m^2)

电动高空作业吊篮的措施项目费用＝8109.00×2.83＝22948.47(元)

(2) 住宅钢结构垂直运输

可列清单项目：011703001001 垂直运输

檐高＝0.6＋4.2＋3.0×14＝46.8(m)

对应定额项目：7-5-13 住宅钢结构垂直运输

清单工程量规定按建筑面积计算，定额工程量规定区分不同檐高按建筑面积计算，本例无地下室，因而清单工程量与定额工程量计量规则说法不同实质上计算结果相同，则：

建筑面积＝48.5×36.5×15＝26553.75(m^2)

根据《建筑工程工程量清单计价规范》规定，编制工程量清单如表 8-16 所示。

外装饰吊篮工程量清单　　表 8-16

序号	项目编码	项目名称	项目特征描述	计量单位	工程量
1	011703001001	垂直运输	1. 建筑物建筑类型及结构形式：装配式钢结构住宅楼； 2. 地下室建筑面积：0.00； 3. 建筑物檐口高度、层数：46.8m、15 层	m^2	26553.75

查某地的《装配式建筑工程综合单价计价标准》中“住宅钢结构垂直运输”项目的单位估价表如表 8-17、表 8-18 所示。

住宅钢结构垂直运输定额的单位估价表（一）　　表 8-17

计量单位：100m^2

定额编号		7-5-14	7-5-15	7-5-16	7-5-17
项目名称		檐高(m)			
		≤20	≤30	≤50	≤90
基价(元)		**1465.58**	**1628.21**	**1894.89**	**2034.10**
其中	人工费(元)	323.39	359.33	372.57	377.05
	材料费(元)	—	—	—	—
	机械费(元)	1142.19	1268.88	1522.32	1657.05

续表

类别	名称	单位	单价(元)	数量			
机械	自升式塔式起重机 400kN·m	台班	462.98	1.642	1.824	—	—
	自升式塔式起重机 600kN·m	台班	486.64	—	—	1.744	—
	自升式塔式起重机 800kN·m	台班	534.95	—	—	—	1.712
	对讲机(一对)	台班	11.08	1.642	1.824	2.488	2.736
	单笼施工电梯 1t 75m	台班	265.92	1.368	1.520	—	—
	双笼施工电梯 2×1t 100m	台班	311.80	—	—	2.072	2.280

住宅钢结构垂直运输定额的单位估价表（二）　　表 8-18

计量单位：$100m^2$

定额编号				7-5-18	7-5-19	7-5-20	7-5-21
项目名称				檐高(m)			
				≤120	≤140	≤160	≤180
基价(元)				2410.23	2484.04	2965.59	3180.14
其中	人工费(元)			378.24	380.12	380.76	381.39
	材料费(元)			—	—	—	—
	机械费(元)			2031.99	2103.92	2584.83	2798.75
类别	名称	单位	单价(元)	数量			
机械	自升式塔式起重机 1000kN·m	台班	633.39	1.604	1.688	—	—
	自升式塔式起重机 2500kN·m	台班	912.04	—	—	1.680	—
	自升式塔式起重机 3000kN·m	台班	1084.20	—	—	—	1.588
	对讲机(一对)	台班	11.08	2.656	2.816	2.896	2.960
	双笼施工电梯 2×1t 200m	台班	423.80	2.368	2.368	2.408	2.464

本例套用定额 7-5-16，综合单价列式计算如下：

人工费＝372.57/100＝3.73(元/m^2)

材料费＝0.00(元/m^2)

机械费＝1522.32/100＝15.22(元/m^2)

管理费＝(3.73＋15.22×8%)×33%＝1.63(元/m^2)

利润＝(3.73＋15.22×8%)×20%＝0.99(元/m^2)

住宅钢结构垂直运输综合单价＝3.73＋0.00＋15.22＋1.63＋0.99＝21.57(元/m^2)

住宅钢结构垂直运输费＝26553.75×21.57＝572764.39(元)

（3）大机六项费（大型机械进出场及安拆费）

但凡计算垂直运输时发现使用了塔式起重机和施工电梯，还应同时计算“大机六项费”，即塔式起重机和施工电梯均应分别计算“塔吊基础、安拆费和场外运输费”。

本例套用定额 7-5-16，认定使用了自升式塔式起重机 600kN·m 和双笼施工电梯 2×1t，100m，则按 1 台次计算塔吊基础、安拆费和场外运输费等大机六项费。

某省《计价定额》中的大机三项费相关项目的单位估价表如表 8-19 所示。

大机三项费定额的单位估价表　　表 8-19

定额编号		01150619	01150621	01150649	01150625	01150653
项目名称		塔式起重机			施工电梯	
		固定式基础	安装拆卸费用	场外运输费用	安装拆卸费用	场外运输费用
		带配重	1000kNm 以内		100m 以内	
计量单位		（座）	（座）	（台次）	（座）	（台次）
基价/元		5579.83	23419.81	51543.79	9348.43	9858.40
其中	人工费/元	1724.76	7665.60	2555.20	4599.36	894.32
	材料费/元	3700.48	326.80	405.99	61.92	421.05
	机械费/元	154.59	15427.41	48582.60	4687.15	8543.03

由于当地规定大机三项费不计取管理费和利润，本例也可以直接采用定额基价计算。套用表 8-19 中相关定额的定额基价，则大机六项费列式计算得：

套用 01150619 塔式起重机的固定式基础费：5579.83×1＝5579.83（元）

套用 01150621 塔式起重机的安装拆卸费用：23419.81×1＝23419.81（元）

套用 01150649 塔式起重机的场外运输费用：51543.79×1×1.2＝61852.55（元）（乘系数 1.2 是考虑到夜间进场）

借用 01150619 施工电梯的固定式基础费：5579.83×1＝5579.83（元）

套用 01150625 施工电梯的安装拆卸费用：9348.43×1＝9348.43（元）

套用 01150653 施工电梯的场外运输费用：9858.40×1×1.2＝11830.08（元）（乘系数 1.2 是考虑到夜间进场）

合计：5579.83＋23419.81＋61852.55＋5579.83＋9348.43＋11830.08＝117610.53（元）

综合单价为：117610.53（元/台次）

大机六项费为：117610.53（元）

（4）超高施工增加费

可列清单项目：011704001001 超高施工增加。

清单工程量规定超高施工增加工程量按建筑物超高部分的建筑面积计算。

超高 0.6＋4.8＋3.0×5＝20.4（m）＞20m，则建筑物自七层起超高。

建筑物超高部分的建筑面积＝48.5×36.5×(15－6)＝15932.25（m^2）

根据《建设工程工程量清单计价规范》规定，编制工程量清单如表 8-20 所示。

建筑物施工超高工程量清单 **表 8-20**

序号	项目编码	项目名称	项目特征描述	计量单位	工程量
1	011704001001	超高施工增加	1. 建筑物建筑类型及结构形式：装配式钢结构住宅楼； 2. 建筑物檐口高度、层数：46.8m、15层； 3. 多层建筑物超过六层部分的建筑面积：15932.25m^2	m^2	15932.25

某地《计价定额》中建筑物超高增加费的单位估价表如表 8-21 所示。

建筑物超高增加费定额的单位估价表 **表 8-21**

计量单位：100m^2

定额编号		01150527	01150528	**01150529**	01150530	01150531
项目		檐高(层数)以内				
		30m(10)	40m(13)	50m(16)	60m(19)	70m(22)
基价/元		1213.59	1751.63	2662.87	3390.40	4165.32
其中	人工费/元	1033.83	1461.70	1932.37	2502.95	3131.84
	材料费/元	—	—	—	—	—
	机械费/元	179.76	289.93	730.50	887.45	1033.48

采用列式计算法，套用表 8-21 中定额 01150529。

定额规则规定工程量按设计室外地坪 20m（层数 6 层）以上的建筑面积计算，因第七层超高不足 1 层，3.0－0.4＝2.6m，可按每增 1m 的 3 个增加层计算，则定额量为：

$$48.5\times36.5\times(0.25\times3+8)=15489.69(\mathrm{m}^2)$$

超高增加费计算得：

$$人工费=15489.69/100\times1932.37\times0.65\times0.7=136189.74(元)$$

$$材料费=0.00(元)$$

$$机械费=15489.69/100\times730.50\times0.65=73548.92(元)$$

$$管理费=(136189.74+73548.92\times8\%)\times33\%=46884.31(元)$$

$$利润=(136189.74+73548.92\times8\%)\times20\%=28414.73(元)$$

$$合价=136189.74+0.00+73548.92+46884.31+28414.73=285037.70(元)$$

$$超高增加费的综合单价=285037.70/15932.25=17.89(元/\mathrm{m}^2)$$

(5) 本例计算得措施项目费为：

22948.47＋572764.39＋117610.53＋285037.70 ＝998361.09(元)
＝99.836(万元)

本章小结

装配式建筑在施工方式、顺序、工艺上与传统现浇混凝土结构建筑有所不同，因而所应计算的措施项目也有所不同，应根据装配式建筑拟制的施工方案来确定应计的措施项目。

混凝土模板只是针对现场需要现浇混凝土的构件进行计量与计价。

若装配率高，主体结构和内外墙板都采用了预制构件，则现场计算的脚手架项目就只有专用于外墙面装饰的电动整体提升架或电动高空作业吊篮。

装配式混凝土结构工程的垂直运输执行《房屋建筑与装饰工程消耗量定额》中“措施项目”的现浇框架垂直运输定额；装配式住宅钢结构的垂直运输执行《装配式建筑工程消耗量定额》中的住宅钢结构工程垂直运输定额。

设计室外地坪 20m（层数 6 层）以上的装配式建筑应计算超高施工增加费，执行《房屋建筑与装饰工程消耗量定额》中“措施项目”的超高施工增加费定额。

习题与思考题

8.1 《装配式工程消耗量定额》中列出了哪些措施项目定额?

8.2 执行《房屋建筑与装饰工程消耗量定额》中措施项目定额应考虑哪些问题?

8.3 某地新建一栋 8 层装配式钢结构住宅楼（无地下室），室内外地坪高差 0.6m，一层层高 3.9m，二层至八层高均为 2.8m，女儿墙高 0.9m。矩形建筑平面，每层外围尺寸为 36.4m×27.4m，外墙面装饰采用电动高空作业吊篮施工。试计算相应的措施项目费用。

第 9 章　装配式建筑投资估算

9.1　装配式建筑投资估算参考指标

9.1.1　装配率与装配化率

1. 装配率

装配率又称 PC 率，是指建筑单体范围内，预制构件混凝土方量占所使用的所有混凝土方量的比率。通常按正负零以上部分核算，国家暂无统一的明确规定。装配率指标反映建筑的工业化程度。装配率越高，工业化程度越高。

2. 装配化率

装配化率是指达到装配率要求的建筑单体的面积占项目总建筑面积的比率。

9.1.2　装配式混凝土住宅

1. 装配式混凝土小高层住宅，PC 率 20%（±0.00 以上）

投资估算参考指标如表 9-1 所示。

装配式混凝土小高层住宅 PC 率 20%的投资估算参考指标　　表 9-1

项目名称	单位	金额	占总投资比例(%)
估算参考指标	元/m^2	1990.77	100
建安费用	元/m^2	1691.77	85
工程建设其他费用	元/m^2	199.00	10
预备费	元/m^2	100.00	5
建筑安装工程单方造价			
项目名称	单位	金额	占总建安费比例(%)
人工费	元/m^2	324.00	19.15
材料费	元/m^2	1114.00	65.85
机械费	元/m^2	51.55	3.05
组织措施费	元/m^2	39.79	2.35
企业管理费	元/m^2	42.63	2.52

续表

项目名称	单位	金额	占总建安费比例(%)
规费	元/m^2	35.52	2.10
利润	元/m^2	25.86	1.53
税金	元/m^2	58.42	3.45
建安造价合计	元/m^2	1691.77	100

人工及主要材料消耗量

人工、材料名称	单位	单方用量	备注
人工	工日	2.70	
钢材	kg	36.90	不含构件中钢筋
商品混凝土	m^3	0.27	不含构件中商品混凝土
预制构件	m^3	0.068	

2. 装配式混凝土小高层住宅，PC率40%（±0.00以上）

投资估算参考指标如表9-2所示。

装配式混凝土小高层住宅PC率40%的投资估算参考指标　　表9-2

项目名称	单位	金额	占总投资比例(%)
估算参考指标	元/m^2	2133.99	100
建安费用	元/m^2	1813.50	85
工程建设其他费用	元/m^2	213.00	10
预备费	元/m^2	107.00	5

建筑安装工程单方造价

项目名称	单位	金额	占总建安费比例(%)
人工费	元/m^2	288.00	15.88
材料费	元/m^2	1286.00	70.91
机械费	元/m^2	48.15	2.66
组织措施费	元/m^2	35.61	1.96
企业管理费	元/m^2	38.16	2.10
规费	元/m^2	31.80	1.75
利润	元/m^2	23.15	1.28
税金	元/m^2	62.63	3.45
建安造价合计	元/m^2	1813.50	100

续表

人工及主要材料消耗量			
人工、材料名称	单位	单方用量	备注
人工	工日	2.40	
钢材	kg	28.04	不含构件中钢筋
商品混凝土	m^3	0.20	不含构件中商品混凝土
预制构件	m^3	0.136	

3. 装配式混凝土小高层住宅，PC率50%（±0.00以上）

投资估算参考指标如表9-3所示。

装配式混凝土小高层住宅PC率50%的投资估算参考指标　　表9-3

项目名称	单位	金额	占总投资比例(%)
估算参考指标	元/m^2	2205.10	100
建安费用	元/m^2	1874.10	85
工程建设其他费用	元/m^2	221.00	10
预备费	元/m^2	110.00	5
建筑安装工程单方造价			
项目名称	单位	金额	占总建安费比例(%)
人工费	元/m^2	270.00	14.41
材料费	元/m^2	1372.00	73.21
机械费	元/m^2	46.45	2.48
组织措施费	元/m^2	33.52	1.79
企业管理费	元/m^2	35.92	1.92
规费	元/m^2	29.93	1.60
利润	元/m^2	21.56	1.15
税金	元/m^2	64.72	3.45
建安造价合计	元/m^2	1874.10	100
人工及主要材料消耗量			
人工、材料名称	单位	单方用量	备注
人工	工日	2.25	
钢材	kg	23.32	不含构件中钢筋
商品混凝土	m^3	0.17	不含构件中商品混凝土
预制构件	m^3	0.17	

4. 装配式混凝土小高层住宅，PC 率 60%（±0.00 以上）

投资估算参考指标如表 9-4 所示。

装配式混凝土小高层住宅 PC 率 60%的投资估算参考指标　　表 9-4

项目名称	单位	金额	占总投资比例(%)
估算参考指标	元/m²	2277.21	100
建安费用	元/m²	1935.21	85
工程建设其他费用	元/m²	228.00	10
预备费	元/m²	114.00	5
建筑安装工程单方造价			
项目名称	单位	金额	占总建安费比例(%)
人工费	元/m²	252.00	13.02
材料费	元/m²	1458.00	75.34
机械费	元/m²	44.75	2.31
组织措施费	元/m²	31.44	1.62
企业管理费	元/m²	33.68	1.74
规费	元/m²	28.07	1.45
利润	元/m²	20.44	1.06
税金	元/m²	66.83	3.45
建安造价合计	元/m²	1935.21	100
人工及主要材料消耗量			
人工、材料名称	单位	单方用量	备注
人工	工日	2.10	
钢材	kg	18.41	不含构件中钢筋
商品混凝土	m³	0.14	不含构件中商品混凝土
预制构件	m³	0.204	

5. 装配式混凝土高层住宅，PC 率 20%（±0.00 以上）

投资估算参考指标如表 9-5 所示。

装配式混凝土高层住宅 PC 率 20%的投资估算参考指标　　表 9-5

项目名称	单位	金额	占总投资比例(%)
估算参考指标	元/m²	2230.81	100
建安费用	元/m²	1895.81	85

续表

项目名称	单位	金额	占总投资比例(%)
工程建设其他费用	元/m²	223.00	10
预备费	元/m²	112.00	5
建筑安装工程单方造价			
项目名称	单位	金额	占总建安费比例(%)
人工费	元/m²	345.60	18.23
材料费	元/m²	1262.40	66.59
机械费	元/m²	58.40	3.08
组织措施费	元/m²	45.12	2.38
企业管理费	元/m²	48.34	2.55
规费	元/m²	40.28	2.12
利润	元/m²	30.20	1.59
税金	元/m²	65.47	3.45
建安造价合计	元/m²	1895.81	100
人工及主要材料消耗量			
人工、材料名称	单位	单方用量	备注
人工	工日	2.88	
钢材	kg	48.96	不含构件中钢筋
商品混凝土	m³	0.31	不含构件中商品混凝土
预制构件	m³	0.078	

6. 装配式混凝土高层住宅，PC 率 40%（±0.00 以上）

投资估算参考指标如表 9-6 所示。

装配式混凝土高层住宅 PC 率 40%的投资估算参考指标　　表 9-6

项目名称	单位	金额	占总投资比例(%)
估算参考指标	元/m²	2396.61	100
建安费用	元/m²	2036.61	85
工程建设其他费用	元/m²	240.00	10
预备费	元/m²	120.00	5
建筑安装工程单方造价			
项目名称	单位	金额	占总建安费比例(%)
人工费	元/m²	307.20	15.08
材料费	元/m²	1456.80	71.53

续表

项目名称	单位	金额	占总建安费比例(%)
机械费	元/m^2	54.50	2.68
组织措施费	元/m^2	40.39	1.98
企业管理费	元/m^2	43.28	2.12
规费	元/m^2	36.06	1.77
利润	元/m^2	28.05	1.38
税金	元/m^2	70.33	3.45
建安造价合计	元/m^2	2036.61	100
人工及主要材料消耗量			
人工、材料名称	单位	单方用量	备注
人工	工日		
钢材	kg		不含构件中钢筋
商品混凝土	m^3		不含构件中商品混凝土
预制构件	m^3		

7. 装配式混凝土高层住宅，PC 率 50%（±0.00 以上）

投资估算参考指标如表 9-7 所示。

装配式混凝土高层住宅 PC 率 50%的投资估算参考指标　　表 9-7

项目名称	单位	金额	占总投资比例(%)
估算参考指标	元/m^2	2477.84	100
建安费用	元/m^2	2105.84	85
工程建设其他费用	元/m^2	248.00	10
预备费	元/m^2	124.00	5
建筑安装工程单方造价			
项目名称	单位	金额	占总建安费比例(%)
人工费	元/m^2	288.00	13.68
材料费	元/m^2	1554.00	73.79
机械费	元/m^2	52.55	2.50
组织措施费	元/m^2	38.03	1.81
企业管理费	元/m^2	40.75	1.93
规费	元/m^2	33.96	1.61
利润	元/m^2	25.83	1.23
税金	元/m^2	72.72	3.45
建安造价合计	元/m^2	2105.84	100

续表

人工及主要材料消耗量			
人工、材料名称	单位	单方用量	备注
人工	工日	2.40	
钢材	kg	33.77	不含构件中钢筋
商品混凝土	m^3	0.20	不含构件中商品混凝土
预制构件	m^3	0.195	

8. 装配式混凝土高层住宅，PC率60%（±0.00以上）

投资估算参考指标如表9-8所示。

装配式混凝土高层住宅PC率60%的投资估算参考指标　　表9-8

项目名称	单位	金额	占总投资比例(%)
估算参考指标	元/m^2	2558.69	100
建安费用	元/m^2	2174.69	85
工程建设其他费用	元/m^2	256.00	10
预备费	元/m^2	128.00	5
建筑安装工程单方造价			
项目名称	单位	金额	占总建安费比例(%)
人工费	元/m^2	268.80	12.36
材料费	元/m^2	1651.20	75.63
机械费	元/m^2	50.60	2.33
组织措施费	元/m^2	35.67	1.64
企业管理费	元/m^2	38.22	1.76
规费	元/m^2	31.85	1.46
利润	元/m^2	23.25	1.07
税金	元/m^2	75.10	3.45
建安造价合计	元/m^2	2174.69	100
人工及主要材料消耗量			
人工、材料名称	单位	单方用量	备注
人工	工日	2.24	
钢材	kg	28.27	不含构件中钢筋
商品混凝土	m^3	0.16	不含构件中商品混凝土
预制构件	m^3	0.234	

9.1.3 装配式钢结构住宅

装配式钢结构高层住宅（±0.00以上）投资估算参考指标如表9-9所示。

装配式钢结构高层住宅的投资估算参考指标　　表9-9

项目名称	单位	金额	占总投资比例(%)
估算参考指标	元/m^2	2777.76	100
建安费用	元/m^2	2360.76	85
工程建设其他费用	元/m^2	278.00	10
预备费	元/m^2	139.00	5
建筑安装工程单方造价			
项目名称	单位	金额	占总建安费比例(%)
人工费	元/m^2	192.58	8.16
材料费	元/m^2	1699.20	72.00
机械费	元/m^2	153.40	6.50
组织措施费	元/m^2	66.83	2.80
企业管理费	元/m^2	70.83	3.00
规费	元/m^2	59.00	2.50
利润	元/m^2	37.5	1.59
税金	元/m^2	81.42	3.45
建安造价合计	元/m^2	2360.76	100
人工及主要材料消耗量			
人工、材料名称	单位	单方用量	备注
人工	工日	1.60	
钢材	kg	95.00	含构件中钢筋

9.2 装配式建筑投资估算方法

1. 投资估算依据

（1）主管机构发布的建设工程造价费用构成、估算指标、各类工程造价指数及计算方法，以及其他有关计算工程造价的文件。

（2）主管机构发布的工程建设其他费用计算办法和费用标准，以及政府部门发布的物价指数。

（3）拟建项目的项目特征及工程量，它包括拟建项目的类型、规模、建设地

点、时间、总体建筑结构、施工方案、主要设备类型、建设标准等。

2. 投资估算步骤

（1）分别估算各单项工程所需的建筑工程费、设备及工器具购置费、安装工程费。

（2）在汇总各单项工程费用的基础上，估算工程建设其他费用和基本预备费。

（3）估算价差预备费和建设期贷款利息。

（4）估算流动资金。

（5）汇总得到建设项目总投资估算。

3. 投资估算方法

当有投资估算参考指标可以利用时（如上节内容），投资估算的各项费用计算表达式为：

拟建工程投资总额＝拟建工程建筑面积×估算参考指标　　(9-1)

拟建工程建安工程造价＝拟建工程建筑面积×建安费用参考指标　　(9-2)

【例 9-1】 某房地产开发公司拟建装配式混凝土小高层住宅 6 栋，每栋建筑面积为 12300m^2，预计装配率可达到 40%以上，试估算±0.00 以上建筑部分的建安工程造价。

【解】 拟建工程总建筑面积为：

$$12300\times 6=73800(m^2)$$

查表 9-2 知，建安工程估算参考指标为 1813.50 元/m^2，则：

拟建工程建安工程造价＝73800×1813.50＝133836300(元)＝1.3384(亿元)

拟建工程±0.00 以上建筑部分的建安工程造价约为 1.3384 亿元。

本章小结

投资估算是指建设项目在整个投资决策过程中，依据已有的资料，运用一定的方法和手段，对拟建项目全部投资费用进行的预测和估算。

投资估算指标是确定和控制建设项目全过程各项投资支出的技术经济指标，其范围涉及建设前期、建设实施期和竣工验收交付使用期等各个阶段的费用支出。所以，投资估算指标比其他各种计价定额具有更大的综合性和概括性。

投资估算指标是编制建设项目建议书、可行性研究报告等前期工作阶段投资估算的依据，也可以作为编制固定资产长远规划投资额的参考。投资估算指标为完成项目建设的投资估算提供依据，它在固定资产的形成过程中起着投资预测、投资控制、投资效益分析的作用，是合理确定项目投资的基础。投资估算指标中的主要材料消耗量也是一种扩大材料消耗量指标，可以作为初步匡算建设项目主要材料消耗量的基础。

习题与思考题

9.1　装配率和装配化率有何不同?

9.2　投资估算指标主要包含哪些内容?

9.3　为什么装配式建筑投资估算参考指标中机械费占比都偏低?

9.4　如何应用投资估算指标估算工程造价?

附录　国务院办公厅关于大力发展装配式建筑的指导意见

国务院办公厅关于大力发展装配式建筑的指导意见

国办发〔2016〕71号

各省、自治区、直辖市人民政府，国务院各部委、各直属机构：

装配式建筑是用预制部品部件在工地装配而成的建筑。发展装配式建筑是建造方式的重大变革，是推进供给侧结构性改革和新型城镇化发展的重要举措，有利于节约资源能源、减少施工污染、提升劳动生产效率和质量安全水平，有利于促进建筑业与信息化工业化深度融合、培育新产业新动能、推动化解过剩产能。近年来，我国积极探索发展装配式建筑，但建造方式大多仍以现场浇筑为主，装配式建筑比例和规模化程度较低，与发展绿色建筑的有关要求以及先进建造方式相比还有很大差距。为贯彻落实《中共中央、国务院关于进一步加强城市规划建设管理工作的若干意见》和《政府工作报告》部署，大力发展装配式建筑，经国务院同意，现提出以下意见。

一、总体要求

（一）指导思想

全面贯彻党的十八大和十八届三中、四中、五中全会以及中央城镇化工作会议、中央城市工作会议精神，认真落实党中央、国务院决策部署，按照"五位一体"总体布局和"四个全面"战略布局，牢固树立和贯彻落实创新、协调、绿色、开放、共享的发展理念，按照适用、经济、安全、绿色、美观的要求，推动建造方式创新，大力发展装配式混凝土建筑和钢结构建筑，在具备条件的地方倡导发展现代木结构建筑，不断提高装配式建筑在新建建筑中的比例。坚持标准化设计、工厂化生产、装配化施工、一体化装修、信息化管理、智能化应用，提高技术水平和工程质量，促进建筑产业转型升级。

（二）基本原则

坚持市场主导、政府推动。适应市场需求，充分发挥市场在资源配置中的决定性作用，更好发挥政府规划引导和政策支持作用，形成有利的体制机制和市场环境，促进市场主体积极参与、协同配合，有序发展装配式建筑。

坚持分区推进、逐步推广。根据不同地区的经济社会发展状况和产业技术条件，划分重点推进地区、积极推进地区和鼓励推进地区，因地制宜、循序渐进，以点带面、试点先行，及时总结经验，形成局部带动整体的工作格局。

坚持顶层设计、协调发展。把协同推进标准、设计、生产、施工、使用维护等作为发展装配式建筑的有效抓手，推动各个环节有机结合，以建造方式变革促进工程建设全过程提质增效，带动建筑业整体水平的提升。

（三）工作目标

以京津冀、长三角、珠三角三大城市群为重点推进地区，常住人口超过300万的其他城市为积极推进地区，其余城市为鼓励推进地区，因地制宜发展装配式混凝土结构、钢结构和现代木结构等装配式建筑。力争用10年左右的时间，使装配式建筑占新建建筑面积的比例达到30%。同时，逐步完善法律法规、技术标准和监管体系，推动形成一批设计、施工、部品部件规模化生产企业，具有现代装配建造水平的工程总承包企业以及与之相适应的专业化技能队伍。

二、重点任务

（四）健全标准规范体系

加快编制装配式建筑国家标准、行业标准和地方标准，支持企业编制标准、加强技术创新，鼓励社会组织编制团体标准，促进关键技术和成套技术研究成果转化为标准规范。强化建筑材料标准、部品部件标准、工程标准之间的衔接。制修订装配式建筑工程定额等计价依据。完善装配式建筑防火抗震防灾标准。研究建立装配式建筑评价标准和方法。逐步建立完善覆盖设计、生产、施工和使用维护全过程的装配式建筑标准规范体系。

（五）创新装配式建筑设计

统筹建筑结构、机电设备、部品部件、装配施工、装饰装修，推行装配式建筑一体化集成设计。推广通用化、模数化、标准化设计方式，积极应用建筑信息模型技术，提高建筑领域各专业协同设计能力，加强对装配式建筑建设全过程的指导和服务。鼓励设计单位与科研院所、高校等联合开发装配式建筑设计技术和通用设计软件。

（六）优化部品部件生产

引导建筑行业部品部件生产企业合理布局，提高产业聚集度，培育一批技术先进、专业配套、管理规范的骨干企业和生产基地。支持部品部件生产企业完善产品品种和规格，促进专业化、标准化、规模化、信息化生产，优化物流管理，合理组织配送。积极引导设备制造企业研发部品部件生产装备机具，提高自动化

和柔性加工技术水平。建立部品部件质量验收机制，确保产品质量。

（七）提升装配施工水平

引导企业研发应用与装配式施工相适应的技术、设备和机具，提高部品部件的装配施工连接质量和建筑安全性能。鼓励企业创新施工组织方式，推行绿色施工，应用结构工程与分部分项工程协同施工新模式。支持施工企业总结编制施工工法，提高装配施工技能，实现技术工艺、组织管理、技能队伍的转变，打造一批具有较高装配施工技术水平的骨干企业。

（八）推进建筑全装修

实行装配式建筑装饰装修与主体结构、机电设备协同施工。积极推广标准化、集成化、模块化的装修模式，促进整体厨卫、轻质隔墙等材料、产品和设备管线集成化技术的应用，提高装配化装修水平。倡导菜单式全装修，满足消费者个性化需求。

（九）推广绿色建材

提高绿色建材在装配式建筑中的应用比例。开发应用品质优良、节能环保、功能良好的新型建筑材料，并加快推进绿色建材评价。鼓励装饰与保温隔热材料一体化应用。推广应用高性能节能门窗。强制淘汰不符合节能环保要求、质量性能差的建筑材料，确保安全、绿色、环保。

（十）推行工程总承包

装配式建筑原则上应采用工程总承包模式，可按照技术复杂类工程项目招投标。工程总承包企业要对工程质量、安全、进度、造价负总责。要健全与装配式建筑总承包相适应的发包承包、施工许可、分包管理、工程造价、质量安全监管、竣工验收等制度，实现工程设计、部品部件生产、施工及采购的统一管理和深度融合，优化项目管理方式。鼓励建立装配式建筑产业技术创新联盟，加大研发投入，增强创新能力。支持大型设计、施工和部品部件生产企业通过调整组织架构、健全管理体系，向具有工程管理、设计、施工、生产、采购能力的工程总承包企业转型。

（十一）确保工程质量安全

完善装配式建筑工程质量安全管理制度，健全质量安全责任体系，落实各方主体质量安全责任。加强全过程监管，建设和监理等相关方可采用驻厂监造等方式加强部品部件生产质量管控；施工企业要加强施工过程质量安全控制和检验检测，完善装配施工质量保证体系；在建筑物明显部位设置永久性标牌，公示质量安全责任主体和主要责任人。加强行业监管，明确符合装配式建筑特点的施工图审查要求，建立全过程质量追溯制度，加大抽查抽测力度，严肃查处质量安全违法违规行为。

三、保障措施

（十二）加强组织领导

各地区要因地制宜研究提出发展装配式建筑的目标和任务，建立健全工作机制，完善配套政策，组织具体实施，确保各项任务落到实处。各有关部门要加大指导、协调和支持力度，将发展装配式建筑作为贯彻落实中央城市工作会议精神的重要工作，列入城市规划建设管理工作监督考核指标体系，定期通报考核结果。

（十三）加大政策支持

建立健全装配式建筑相关法律法规体系。结合节能减排、产业发展、科技创新、污染防治等方面政策，加大对装配式建筑的支持力度。支持符合高新技术企业条件的装配式建筑部品部件生产企业享受相关优惠政策。符合新型墙体材料目录的部品部件生产企业，可按规定享受增值税即征即退优惠政策。在土地供应中，可将发展装配式建筑的相关要求纳入供地方案，并落实到土地使用合同中。鼓励各地结合实际出台支持装配式建筑发展的规划审批、土地供应、基础设施配套、财政金融等相关政策措施。政府投资工程要带头发展装配式建筑，推动装配式建筑“走出去”。在中国人居环境奖评选、国家生态园林城市评估、绿色建筑评价等工作中增加装配式建筑方面的指标要求。

（十四）强化队伍建设

大力培养装配式建筑设计、生产、施工、管理等专业人才。鼓励高等学校、职业学校设置装配式建筑相关课程，推动装配式建筑企业开展校企合作，创新人才培养模式。在建筑行业专业技术人员继续教育中增加装配式建筑相关内容。加大职业技能培训资金投入，建立培训基地，加强岗位技能提升培训，促进建筑业农民工向技术工人转型。加强国际交流合作，积极引进海外专业人才参与装配式建筑的研发、生产和管理。

（十五）做好宣传引导

通过多种形式深入宣传发展装配式建筑的经济社会效益，广泛宣传装配式建筑基本知识，提高社会认知度，营造各方共同关注、支持装配式建筑发展的良好氛围，促进装配式建筑相关产业和市场发展。

国务院办公厅

2016 年 9 月 27 日

参考文献

[1] 张建平，张宇帆. 建筑工程计量与计价［M］. 第2版. 北京：机械工业出版社，2017.
[2] 中华人民共和国住房城乡建设部，中华人民共和国国家质量监督检验检疫总局. 建设工程工程量清单计价规范［S］. 北京：中国计划出版社，2013.
[3] 中华人民共和国住房城乡建设部，中华人民共和国国家质量监督检验检疫总局. 房屋建筑与装饰工程工程量计算规范［S］. 北京：中国计划出版社，2013.
[4] 云南省住房和城乡建设厅. 云南省建设工程造价计价规则：DBJ 53/T—58—2013［S］. 昆明：云南科技出版社，2013.
[5] 云南省住房和城乡建设厅. 云南省房屋建筑与装饰工程消耗量定额：DBJ 53/T—61—2013［S］. 昆明：云南科技出版社，2013.
[6] 中华人民共和国住房城乡建设部. 装配式建筑工程消耗量定额：TY 01—01（01）—2016［S］. 北京：中国计划出版社，2016.
[7] 云南省住房和城乡建设厅. 云南省建设工程综合单价计价标准——装配式建筑工程：DBJ 53/T—87—2018［S］. 昆明：云南科技出版社，2018.
[8] 焦柯. 装配式混凝土结构高层建筑BIM设计方法与应用［M］. 北京：中国建筑工业出版社，2018.
[9] 马宜芳. 简明建筑工程预算员手册［M］. 天津：天津大学出版社，2003.
[10] 国务院办公厅. 关于大力发展装配式建筑的指导意见［EB/OL］. 中国政府网. 2016-09-30. http：//www. gov. cn/zhengce/content/2016-09/30/content _ 5114118. htm. 中华人民共和国政府网，2016.
[11] 付欣. 装配式建筑工程计价模式设计［J］. 今日湖北（下旬刊），2015（6）.
[12] 佚名. 装配式建筑对计价依据、造价管理的影响有多深？［EB/OL］. 装配式建筑网. 2017-05-10. http：//www. ind _ building. com/Index/news _ info/id/1011.